AF403944

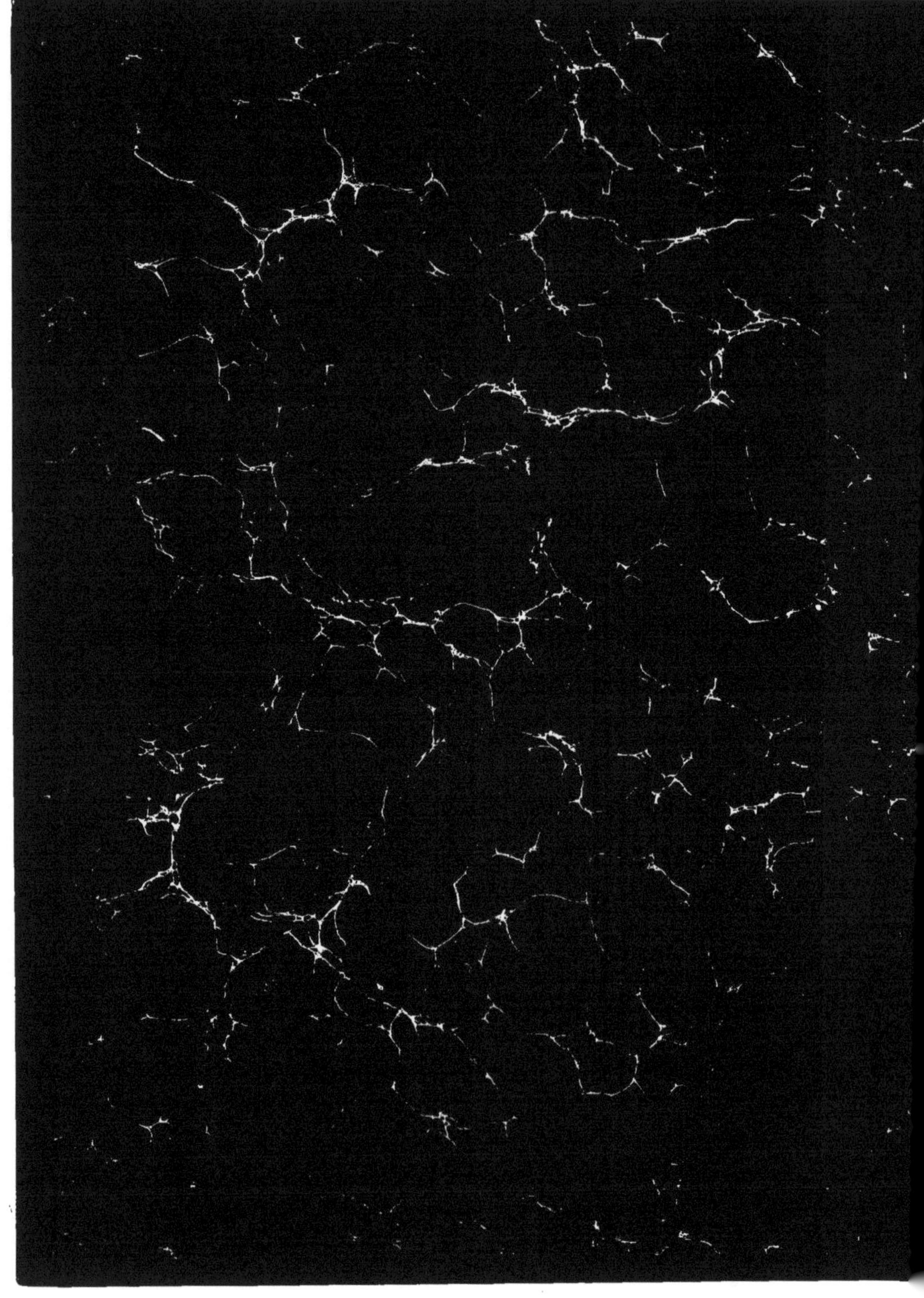

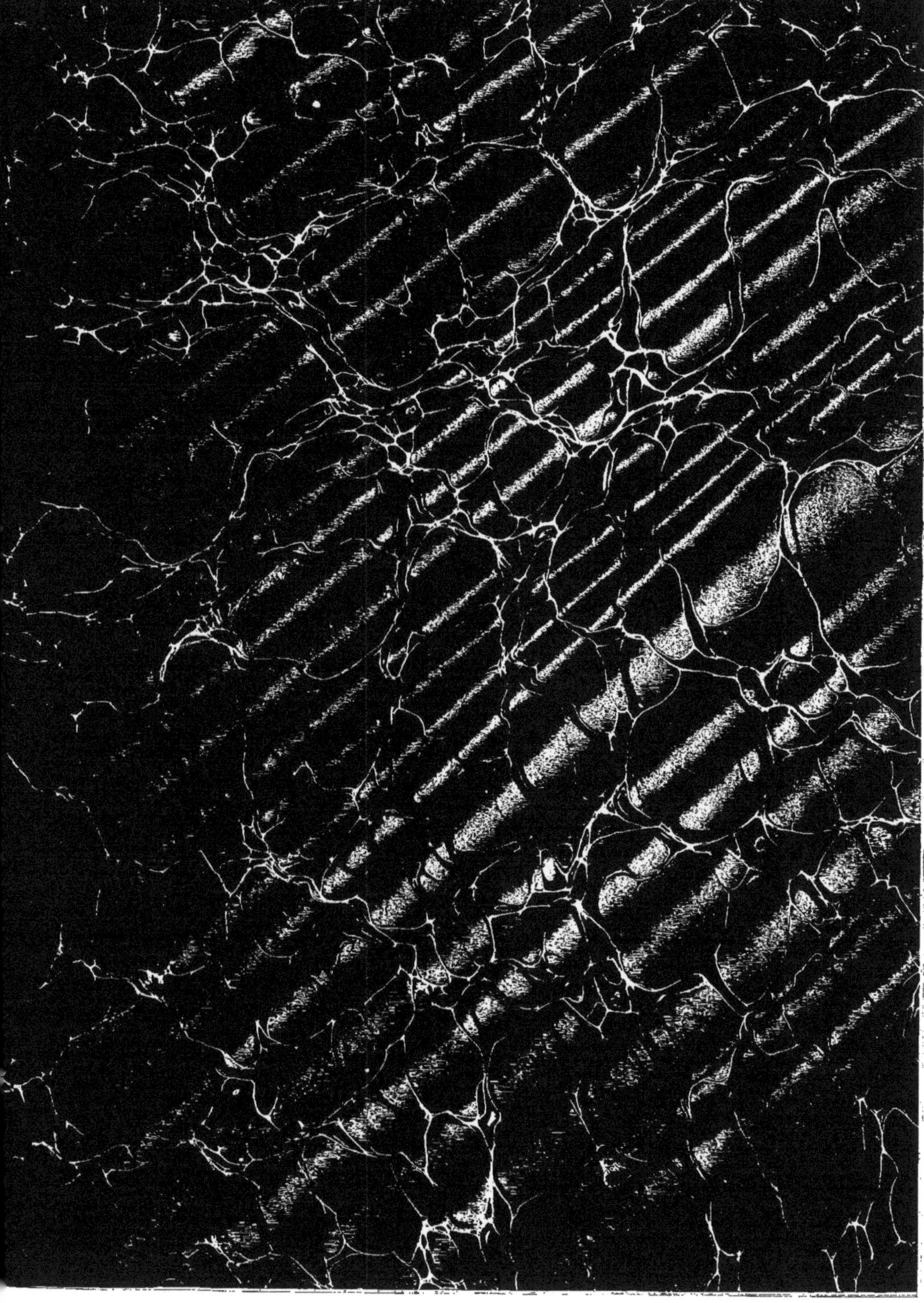

S. 676
J. 4

4859

MONOGRAPHIE

DES GREFFES,

OU

DESCRIPTION TECHNIQUE

Des diverses sortes de Greffes employées pour la multi-
plication des Végétaux.

MONOGRAPHIE

DES GREFFES,

OU

DESCRIPTION TECHNIQUE

Des diverses sortes de Greffes employées pour la multiplication des Végétaux;

Par A. THOUIN,

Membre de l'Institut de France, et Professeur de Culture au Muséum
d'Histoire naturelle de Paris,

BIBLIOTHEQUE ROYALE

Miraturque novas frondes et non sua poma.
GÉORGIQUES DE VIRGILE.

Il s'étonne de porter un nouveau feuillage, et des fruits
qui ne sont pas les siens.

OBSERVATIONS GÉNÉRALES.

HISTORIQUE. La découverte de l'art de la greffe remonte à
la plus haute antiquité; on n'en connaît point l'inventeur.
Les Phéniciens l'ont transmis aux Carthaginois et aux Grecs;
les Romains l'ont reçu de ces derniers, et l'ont répandu en
Europe, où il est devenu ce qu'il est aujourd'hui. Quoique les
limites de cet art aient été beaucoup reculées, et qu'il ait subi
d'importantes modifications, il est cependant encore suscep-

tible d'être perfectionné, tant dans sa théorie que dans sa pratique.

Théophraste, Aristote et Xénophon chez les Grecs ; Magon parmi les Carthaginois ; Varron, Pline, Virgile, Columelle et Constantin César chez les Romains ; Kuffner, Agricola et Sickler en Allemagne ; Miller, Bradeley et Forsyth en Angleterre ; Olivier de Serres, Laquintinie, Duhamel, Rozier, Cabanis, et récemment le baron Tschoudy parmi les Français, sont les auteurs qui, jusqu'à présent, ont traité de l'art de la greffe avec quelque étendue.

Définition. La greffe est une partie végétale vivante, qui, unie à une autre, s'identifie et croît avec elle, comme sur son propre pied, lorsque l'analogie entre les individus est suffisante.

Buts d'agrément et d'utilité. Les avantages de cette voie de multiplication sont entre autres : 1°. de conserver et de multiplier des variétés, des sous-variétés et des races d'arbres provenues de graines dues aux hasards de la fécondation, et qui ne se propagent point par la voie des semences. Elle est aussi la plus sûre et la plus prompte pour se procurer un grand nombre de végétaux très-intéressans, qui se multiplient difficilement par tout autre moyen.

2°. De perpétuer des monstruosités remarquables, suites de maladies ou d'accidens ; telles sont les panachures, les laciniures, les fleurs doubles et pleines, et les fruits irréguliers. Le rosier à feuille de céleri, l'érable lacinié, les arbres panachés et maculés, les cerisiers à fruits en bouquets, et les orangers dits hermaphrodites, offrent des exemples de ces singularités.

3°. D'accélérer de plusieurs années la fructification.

4°. D'embellir les fleurs de beaucoup de variétés d'arbres et arbustes d'ornement.

(5)

5°. Enfin, de bonifier les fruits d'arbres économiques, d'en hâter la maturité, et d'augmenter le bénéfice du cultivateur, du propriétaire, et les ressources du consommateur (1).

Physique et Théorie de la Greffe.

Toutes les personnes qui se sont occupées de physiologie végétale savent que les arbres dicotylédons s'accroissent chaque année d'une lame de bois, ou plutôt d'aubier, et d'une lame d'écorce, qui se forment l'une et l'autre intérieurement entre l'aubier et l'écorce de l'année précédente. Mon intention n'est point de m'étendre sur les causes qui concourent à la formation de ces couches végétales ; il me suffira de faire remarquer seulement deux faits démontrés par l'expérience : l'un, que c'est sous la couche corticale la plus intérieure que se fait la végétation d'accroissement des arbres (2); l'autre, que l'écorce verte d'un jeune individu, lors de l'ascension et de la descente de la sève, est susceptible de se souder avec une autre écorce dans le même état (3); mais que le bois et l'aubier sont incapables de s'unir ainsi.

Considérons en outre que les gemma sont les rudimens des bourgeons comme les graines le sont des individus parfaits ; que celles-ci donnent naissance à des êtres qui subsistent par eux-mêmes, et que ceux-là peuvent croître soit aux dépens de

---

(1) Ces avantages ne sont pas les seuls qui résultent des greffes. On verra, lors de la description de chaque espèce en particulier, qu'elles sont employées avec succès à beaucoup d'autres usages.

(2) Je parle encore ici des arbres dicotylédons. On sait que les monocotylédons ont une texture toute différente, parce que leur végétation d'accroissement se fait au centre de leur tige.

(3) Parce que c'est en grande partie par les canaux de l'écorce que la sève monte des racines vers la tige des arbres, et redescend ensuite de cette même tige vers les racines.

la branche sur laquelle ils se trouvent naturellement, soit en s'assimilant les sucs d'une branche étrangère, sur laquelle on les place conformément à certains principes.

Ces trois faits reconnus servent de base à l'art de la greffe : déjà nous en pouvons conclure,

1°. Que c'est au moyen d'un ou de plusieurs gemma que l'on peut multiplier de greffe un arbre quelconque;

2°. Qu'il faut que cet arbre soit une variété de la même espèce, une espèce du même genre, ou, par extension, un genre de la même famille que celui sur lequel on veut le greffer, parce qu'il faut nécessairement de l'analogie entre la sève des deux individus et les époques de son mouvement, de la conformité dans le temps de la durée ou de la chute des feuilles, et dans les qualités des sucs propres;

3°. Qu'il est nécessaire de choisir, pour greffer, le moment où la sève est en mouvement, et d'avoir égard même à sa marche ascendante ou descendante, pour la prompte réussite de l'opération;

4°. Qu'on doit unir exactement les parties incisées de l'écorce de la greffe, quelle qu'elle soit, aux parties également incisées de l'écorce de l'arbre sur lequel on greffe, pour faciliter la reprise de ces deux écorces et la circulation des fluides montans et descendans;

5°. Enfin, qu'il faut mettre beaucoup de célérité dans l'opération, pour que le contact de l'air ne dessèche pas les parties incisées.

Le cultivateur instruit et actif saura aussi choisir les circonstances météorologiques les plus favorables à la réussite des greffes, et empêcher autant que possible les effets de celles qui pourraient leur être contraires.

(7)

Changemens qu'opèrent les Greffes. Les sujets ne changent pas le caractère essentiel des arbres dont ils reçoivent les greffes ; mais ils le modifient souvent. Nous allons citer quelques exemples de ces modifications : elles se font plus particulièrement remarquer ,

1°. *Dans la grandeur.* Ainsi les pommiers qui , greffés sur franc , s'élèvent à 7 ou 8 mètres , greffés sur paradis , atteignent à peine la hauteur de 2 mètres (1).

Le sorbier des chasseurs , venu de graines dans nos jardins , s'élève à la hauteur d'un arbrisseau ; lorsqu'il est enté sur l'aubépine , il forme un petit arbre de 8 mètres de haut.

L'érable à semences velues (*acer eriosperma* , Desf.) , greffé sur sicomore , devient un arbre touffu de 16 mètres de hauteur , tandis que , provenu de ses semences , il ne s'élève qu'à 10 mètres.

2°. *Dans le port.* Ainsi le ragouminier (*prunus pumila* , L.) , produit par ses graines , est un arbuste qui rampe sur la terre et s'élève rarement au-dessus de 6 décimètres : greffé sur prunier , ses tiges droites , réunies en faisceau , parviennent à la hauteur de plus d'un mètre.

Le cytise à feuilles sessiles (*cytisus sessilifolius* , L.) , venu de semences , est un sous-arbrisseau d'un port étalé et grêle. Greffé sur le cytise des Alpes , il forme un buisson touffu , arrondi , et de 15 décimètres de haut.

Le robinia pygmée , franc de pied , se couche sur terre , et

---

(1) Ces mesures de dimension ne sont que des termes moyens pris sur un grand nombre d'individus placés dans différens terrains de Paris et des environs. Il en est de même pour toutes celles de même nature indiquées dans cet ouvrage.

ses rameaux se relèvent par leur extrémité. Lorsqu'il est greffé en tige sur le caragana, il forme une touffe arrondie et pendante vers le sol.

3°. *Dans la robusticité*. Ainsi le néflier du Japon, greffé sur l'épine blanche, a passé au Muséum plusieurs de nos hivers en pleine terre, parce qu'on a eu la précaution de le couvrir de paille ; tandis que la gelée a fait périr, pendant les mêmes années, plusieurs individus francs de pied, quoiqu'ils eussent été couverts de la même manière.

Le vrai pistachier, greffé sur le térébinthe, est moins sensible au froid que les individus provenus de semences, apportés de l'Asie mineure. Les premiers résistent à nos gelées de 10 degrés, tandis que les seconds périssent à 6 degrés, toutes choses égales d'ailleurs.

Un individu de chêne à feuille de saule (*quercus phellos*, L.), greffé sur l'yeuse, a supporté, sans abri, pendant cinq jours consécutifs, 16 à 17 degrés de froid, et des individus de la même espèce, venus de graines, sont morts à 7 degrés et demi de gelée.

4°. *Dans la fructification plus ou moins abondante*. Les robinia roses, satinés et visqueux, greffés sur d'autres espèces du même genre, donnent rarement des graines, et n'en donnent jamais qu'en très-petit nombre, tandis que, francs de pied, ils en produisent souvent une assez grande quantité.

Au contraire les sorbiers des oiseleurs et de Laponie, les pommiers hybride et à bouquets se chargent d'une quantité de fruits deux fois plus considérable, étant greffés, les premiers sur aubépine et les seconds sur pommier sauvageon, que lorsqu'ils sont provenus de leurs semences.

5°. *Dans la grosseur des fruits*. Beaucoup de fruits charnus, et particulièrement ceux à pépins, sont plus volumineux souvent d'un cinquième, d'un quart, quelquefois même d'un tiers sur les arbres qui ont été greffés, que sur les arbres de la même variété provenus de semences.

6°. *Dans la qualité des graines*. Le grossissement du péricarpe influe rarement sur la grosseur des semences ; au contraire, elles sont, en général, mieux nourries, plus nombreuses et plus fertiles sur les individus provenus de graines que sur ceux qui ont été greffés. Cette différence est d'autant plus sensible que les arbres sont cultivés depuis plus long-temps et s'éloignent davantage de leur état sauvage. On en trouve des exemples dans diverses variétés de pommiers, de poiriers et autres arbres fruitiers.

7°. *Dans la saveur des fruits*. Si le sol, le climat, les saisons, l'humidité, la sécheresse, la lumière, et sur-tout la chaleur, influent sur la qualité des légumes et des fruits, comme cela n'est pas douteux ; à plus forte raison les sujets soumis à toutes ces influences, et dont la sève, élaborée par leurs organes, sert d'aliment aux greffes, doivent-ils modifier la saveur des productions de celles-ci. Ils ne pourront pas transformer une prune, une cerise, une pêche, un abricot, une pomme, etc. en fruits d'un autre genre, comme l'ont pensé quelques personnes ; mais ils influeront certainement d'une manière sensible sur leur goût. Ainsi le prunier de reine-claude greffé indistinctement sur différentes variétés de sauvageons de son espèce, produit des fruits insipides sur les uns et délicieux sur les autres ; les cerisiers greffés sur le mahaleb, sur le laurier-cerise ou sur le merisier des bois, donnent des fruits dont les saveurs sont très-différentes.

8º. Enfin, *dans la durée de leur existence*. La plupart des arbres fruitiers, et sur-tout ceux de la division des fruits à noyaux, vivent moins long-temps lorsqu'ils ont été greffés que lorsqu'ils sont venus de semences. Parmi les arbres à fruits à pépins, dans le genre du pommier par exemple, le maximum de la longévité des individus greffés sur paradis est de 15 à 25 années; les individus entés sur franc vivent jusqu'à 120 ans; et ceux qui, provenus de semences, n'ont été ni greffés ni soumis à la taille, peuvent vivre 200 ans et au-delà.

Cependant l'effet contraire se présente quelquefois parmi les arbres d'autres séries, et particulièrement parmi les arbres étrangers: ceux-ci, greffés sur des espèces indigènes robustes, vivent plus long-temps que les individus de même espèce provenus de leurs graines; tels sont les pavia rouge et jaune greffés sur marronnier d'Inde, les sorbiers des chasseurs et de Laponie entés sur l'épine blanche, etc., etc.

DIVISION MÉTHODIQUE.

SUIVANT DUHAMEL. Duhamel est le premier des agronomes qui ait divisé méthodiquemeut les greffes en plusieurs groupes; il les a partagées en cinq sections, auxquelles il a donné les noms de *greffes par approche, en fente, en couronne, en flûte* et *en écusson.*

SUIVANT ROZIER. Rozier voulant perfectionner la méthode de son prédécesseur, crut devoir ajouter aux cinq sections précédentes une sixième section de greffes qu'il nomma par *juxta-position.*

Ces divisions arbitraires n'offrant point de caractères qui

puissent les faire distinguer les unes des autres, jettent de la confusion dans les idées.

Nouvelle division du Genre. Pour remédier à cet inconvénient, j'ai proposé, dans le cours de culture que je fais annuellement au Muséum, une autre division qui m'a paru plus simple et plus propre au groupement de toutes les espèces de greffes déjà connues, et de celles que l'on inventera par la suite.

J'ai restreint le genre des greffes aux trois sections suivantes, savoir : celle des *greffes par approche*, celle des *greffes par scions*, et celle des *greffes par gemma*. A ces trois sections il faut aujourd'hui en ajouter une quatrième, qui renferme les *greffes des parties herbacées des végétaux*, et dont toutes les espèces sont dues à M. le baron Tschoudy.

La première section réunit toutes les sortes de greffes qui s'effectuent au moyen de quelques-unes des parties des végétaux adhérentes à leurs troncs enracinés.

La seconde rassemble toutes celles qui se pratiquent avec des parties ligneuses séparées d'un individu et transportées sur un autre.

La troisième comprend toutes celles qui s'opèrent au moyen de gemma ou yeux, levés, avec la portion d'écorce qui les environne, sur un végétal, et posés sur un autre.

La quatrième enfin est assez définie par son titre seul.

Chacune de ces quatre sections est divisée en séries distinguées entre elles par des caractères secondaires, et celles-ci contiennent les espèces ou les sortes qui, elles-mêmes, se distinguent par divers caractères particuliers.

2*

Les variétés et sous-variétés qu'offrent quelques-unes de ces sortes portent des noms différens, et sont rangées à la suite de leurs sortes principales.

Nomenclature des sortes de Greffes. Les phrases descriptives presque toujours vagues, et souvent insignifiantes, dont on s'est jusqu'à présent servi pour distinguer les diverses sortes de greffes entre elles, ne pouvaient donner que des idées confuses plus propres à embarrasser qu'à aider la mémoire. J'ai cru devoir proposer, dans le même cours dont il vient d'être question, une nouvelle nomenclature plus simple et plus facile à retenir.

J'ai donné à chaque greffe le nom de son inventeur lorsqu'il m'a été connu ; dans le cas contraire, celui de la personne qui l'a fait connaître par des descriptions et des figures. A défaut de ces deux premiers, j'ai choisi pour les greffes le nom du pays où elles se pratiquent, ou enfin celui de naturalistes célèbres, de cultivateurs éclairés et d'agronomes qui ont rendu des services à l'agriculture.

Ces noms sont suivis d'une phrase descriptive qui indique la section et la série auxquelles appartient la greffe, le caractère le plus essentiel de celle-ci, et le synonyme le plus généralement connu, lorsqu'il en existe. Au moyen de cet ordre, chacun pourra choisir la nomenclature qui lui paraîtra préférable.

Section Ire. *Greffes par approche.*

Le caractère essentiel de ces greffes consiste en ce que les parties dont elles sont formées tiennent à leurs pieds enracinés et vivent de leurs propres moyens jusqu'à ce que les greffes soient soudées ensemble ; alors la communauté de sève est établie entre les individus.

Leurs rapports. Les greffes de cette section peuvent être comparées aux marcottes qui vivent aux dépens des racines de leurs *mères* jusqu'à ce qu'en ayant poussé de particulières , elles puissent subsister au moyen de leurs propres organes.

Leurs usages. La nature opère souvent sous nos yeux des greffes par approche sur diverses parties des végétaux ; l'art est parvenu à l'imiter. On se sert de ce moyen pour transformer des espèces sauvages inutiles et quelquefois nuisibles , en arbres qui donnent de bons fruits, en espèces rares, utiles ou agréables.

On s'en sert encore pour multiplier de jeunes arbres , et même des individus parvenus au quart , au tiers , à la moitié, et quelquefois à une époque plus avancée de leur croissance , lorsque les circonstances le permettent.

On emploie aussi les greffes de cette section pour donner de la solidité aux clôtures ou haies de défense des biens terri-toriaux , pour procurer aux arts et à la marine des bois courbes et anguleux d'un grand nombre de formes différentes , pour prolonger l'existence de vieux arbres dont les troncs annoncent une ruine prochaine , et enfin , pour produire des effets pitto-resques dans les jardins paysagistes. Mais on n'en tire pas tous les avantages qu'on peut en espérer , parce que souvent les résultats se font long-temps attendre.

Temps propre a exécuter la greffe par approche. Les greffes par approche peuvent s'effectuer sur toutes les zones de la terre et dans toutes les saisons , excepté pendant les temps de gelées et de chaleurs extrêmes ; mais les époques du mouvement de la sève , soit dans sa descente , soit dans son plein , et sur-tout lors de son ascension , sont les momens les plus favorables à leur prompte réussite.

La théorie de ces greffes consiste 1°. à faire aux parties qu'on veut greffer les unes sur les autres des plaies correspondantes , bien nettes et proportionnées à leur grosseur , depuis l'épiderme jusqu'à l'aubier , souvent dans l'épaisseur du bois , et quelquefois jusque dans l'étui médullaire , suivant qu'il en est besoin.

2°. A réunir ces plaies de manière qu'elles se recouvrent mutuellement , qu'elles ne laissent entre elles que le moins de vide possible , et sur-tout que les feuillets du liber de la greffe et du sujet soient joints ensemble exactement dans un très-grand nombre de points.

3°. A fixer les parties ainsi disposées au moyen de ligatures et de tuteurs solides , pour empêcher toute disjonction.

4°. A préserver les plaies de l'accès de l'eau , de l'air et de la lumière , au moyen d'emplâtres durables (1).

---

(1) Je dois faire remarquer ici que les ligatures, indispensables pour toutes les greffes, et les emplâtres nécessaires pour beaucoup d'entre elles, ne sont pas toujours les mêmes. Dans certains cas, on se borne à ligaturer avec du fil de laine ou des écorces flexibles taillées en lanières (*Voyez* 3e. section, pl. 2 , fig. 1); dans d'autres, on recouvre cette ligature d'un mélange de bouse de vache et de terre argileuse (fig. 2); quelquefois, pour des arbres précieux, on ajoute encore un linge (fig. 4) ou de la mousse; enfin il est des circonstances où, après avoir ligaturé avec un simple fil de laine , on recouvre les parties incisées d'un mélange de brai, de cire et de poix, que l'on fait fondre toutes les fois qu'on veut l'employer. Ce moyen (fig. 5) est préféré pour la plupart des greffes qui s'effectuent au Jardin du Roi , parce qu'il est plus prompt et tout aussi certain que les autres.

Voici la composition de ce dernier amalgame :

Une livre de Brai.

Une demi-livre de Poix de Bourgogne.

Un quart de livre de Cire jaune commune.

(15)

5º. A surveiller le grossissement des parties, pour prévenir toutes nodosités difformes, nuisibles à la circulation de la sève, et sur-tout pour empêcher que les branches ne soient coupées par les ligatures.

6º. Et enfin, à ne séparer les greffes de leurs pieds naturels que lorsque la soudure ou l'union des parties est complétement effectuée.

Les ustensiles nécessaires pour l'exécution de toutes les greffes de cette section, sont un greffoir et une serpette.

J'ai donné à la planche 2 de la 3ᵉ. section, fig. 6, un dessin (tiers de grandeur naturelle) d'un greffoir très-commode dont on se sert au Jardin du Roi : ses deux lames sont d'acier ; son manche, strié pour mieux tenir dans la main, est de corne de cerf, et la spatule est d'ivoire.

Il est très-important que la serpette, le greffoir et tous les ustensiles que l'on emploie pour couper ou inciser les branches soient bien tranchans, et sur-tout qu'ils n'aient point de marques de rouille ; car la rouille, en corrodant les parties incisées, pourrait occasionner des plaies fort nuisibles au succès de l'opération. Un greffoir de platine serait préférable à tous les autres, parce que ce métal est le moins susceptible de s'oxider.

Division en séries des Greffes par approche. Les greffes par approche présentent cinq séries, ou cinq groupes diffé-rens, en raison des diverses parties des végétaux avec lesquelles on les effectue, savoir :

1ʳᵉ. Série, greffes par approche sur tiges.

2ᵉ. Série, greffes par approche sur branches.

3ᵉ. Série, greffes par approche sur racines.

4ᵉ. Série, greffes par approche de fruits.

5ᵉ. Série, greffes par approche de feuilles et de fleurs.

Série Iʳᵉ. *Greffes par approche sur tiges.*

Elles s'effectuent sur des tiges de différens âges, et même sur des troncs d'arbres de diverses grosseurs.

En les pratiquant, on a pour but de placer des branches où elles sont nécessaires, de changer des sauvageons en arbres à bons fruits, de remplacer des troncs dépérissans, de donner une vigueur extraordinaire à certains individus, de produire des effets pittoresques, ou de fournir des bois courbes pour les arts.

SORTES.

I. Greffe (Malesherbes) *par approche sur tiges de gourmands, sur l'arbre qui les a produits.* Nouv. Cours d'Agr., t. 6, p. 5o1.

Opération. Unir au moyen de deux incisions, l'une concave *a*, l'autre convexe *a'*, les branches gourmandes 1 et 2 qui s'emparaient d'une trop grande partie de la sève de l'individu A. (1ʳᵉ. sect., pl. I.)

Usages. Pour rétablir l'équilibre de vigueur entre les parties d'un même arbre, en faisant en sorte que celles qui ont la sève par excès la répartissent sur celles qui en sont peu pourvues.

Dénomination. A la mémoire vénérable de Guillaume Lamoignon-de-Malesherbes, dans les jardins duquel cette greffe, dont il est présumé l'inventeur, a été observée en 1786.

II. Greffe (Forsyth) *par approche sur tiges de rameaux sur l'arbre qui les a produits.* Nouv. Cours d'Agr., t. 6, p. 5o1.

Synonymie. G. *par approche.* Forsyth, Traité de la Culture des arbres fruitiers, Pl. XI, fig. 6, pag. 382.

Opération. Faire deux entailles correspondantes, l'une sur le sujet *b*, l'autre sur le rameau *b'*, et réunir les parties plaie contre plaie. (1ʳᵉ. sect., pl. I.)

Usages. Pour remplacer des rameaux et des branches qui manquent à des arbres fruitiers conduits en espaliers, en vases, et sur-tout en quenouilles. Exemples 1 et 2, fig. B. (1re. sect., pl. 1.)

Dénomination. En l'honneur de M. FORSYTH, cultivateur estimable de Kinsington, près Londres. C'est lui qui a décrit cette greffe et en a donné une bonne figure.

III. Greffe (Michaux) *par approche sur tige de branches sur l'arbre qui les a produites.* Nouv. Cours d'Agr., t. 6, p. 501.

Opération. Tailler en bec de plume allongé l'extrémité de longues branches (Voyez *c'*), les courber en portion de cercle, et les introduire dans une double incision en forme de T renversé (L), sur la tige de l'arbre C. (1re. sect., Pl. 1.)

Usages. Pour produire des effets pittoresques dans les jardins, et fournir des courbes aux arts et à la marine.

Dénomination. A la mémoire estimable d'ANDRÉ MICHAUX, cultivateur, naturaliste voyageur, qui a pratiqué cette greffe dans les bois de Satory, vers l'année 1780, et qui est mort à Madagascar en frimaire an 12, victime de son zèle pour les découvertes agricoles.

IV. Greffe (cauchoise) *par approche sur tige d'une tête d'arbre sur un sujet auquel elle manque.* Nouv. Cours d'Agr., t. 6, p. 502.

Synonymie. G. par approche, 3e. *sorte.* DUHAM., Phys. des Arb., t. 2, p. 78, Pl. XII, fig. 110, 111 et 112.

Opération. Faire une entaille triangulaire à partir de l'aire de la coupe de la tige *d;* faire entrer, de la moitié de son épaisseur, dans cette entaille la tige du sujet *d',* au moyen d'une autre entaille en forme de coin. (*Voyez* 1re. sect., pl. 2.)

Usages. Pour utiliser, dans une avenue, un quinconce ou un verger, des arbres dont la tige a été rompue, en leur procurant une nouvelle tête, qui remplace, pour le produit, celle qu'ils ont perdue. Exemple 1, fig. D, 1re. sect., Pl. 2.

Dénomination. En l'honneur des habiles cultivateurs du bon pays de Caux, dont plusieurs emploient cette greffe pour réparer les dommages que leur font éprouver les vents dans leurs plantations d'arbres à fruits à cidre.

V. Greffe (Bradeley) *d'un rameau terminal sur une tige à laquelle on a coupé la tête.* Nouv. Cours d'Agr., t. 6, p. 502.

Synonymie. G. par approche en langue. FORSYTH., Traité des Arbres fruitiers, pag. 374 et 382, pl. XI, fig. 5, lettre *q.*

3

Opération. Couper la tête d'un jeune sujet *e* (1re. sect. , pl. 2); former sur l'aire de la coupe une première incision verticale propre à recevoir l'esquille pratiquée sur le rameau *e'* ; faire ensuite sur le même sujet *e* une seconde plaie, qui forme avec la première un angle très-aigu, et qui puisse s'appliquer exactement sur la plaie pratiquée au-dessous de l'esquille du rameau *e'*.

Usages. Pour obtenir de la sommité d'une branche ou d'un rameau un arbre plus précieux que celui sur lequel on greffe.

Dénomination. A la mémoire honorable de Richard Bradeley , cultivateur anglais , auteur de plusieurs ouvrages utiles sur l'agriculture et le jardinage.

VI. Greffe (Varron) *par approche, sur tige , d'un rameau latéral qui remplace la cime du sujet au moyen d'une fente.* Nouv. Cours d'Agr., t. 6 , p. 502.

Synonymie. G. suçoir. Agricola , Agriculture parfaite, 1re. partie , p. 175 et 192, pl. VII, fig. E.

Opération. Couper la tête à de jeunes sujets, 1 , 2, 3 (*Voyez* F, 1re. sect., pl. 2), élevés en pots ; former une incision triangulaire sur l'aire de leur coupe *f'*; entailler le rameau à greffer *f* en forme de coin , de manière qu'il puisse entrer de la moitié de son épaisseur dans la coupe du sujet.

Usages. Pour multiplier les arbres toujours verts , tels que les houx , phyllirea , cassinés et les autres arbres à bois dur , comme les chênes , les hêtres , les charmes , etc.

Dénomination. A la mémoire respectable de Lucius Varron , l'agronome le plus distingué de son siècle par ses vastes connaissances en économie rurale, et par sa philantropie. C'est à lui que Columelle attribue l'invention de cette greffe.

VII. Greffe (Sylvain) *par approche sur tige, avec deux têtes croisées* Nouv. Cours d'Agr., t. 6, p. 502.

Synonymie. G. par approche sur tronc , 1re sorte. Dict. d'Hist. nat. , tome 2, p. 135, pl. A, 11, fig. A.

Opération. Courber deux jeunes arbres l'un sur l'autre, faire aux points où ils se croisent deux entailles correspondantes , jusqu'à la profondeur de l'étui médullaire (*Voyez* G, 1re. section , pl. 3) , et unir les parties opérées.

Usages. Propre à fournir aux arts des bois anguleux, à remplacer les pilastres des portes des biens ruraux, et à produire des effets pittoresques dans les jardins.

Dénomination. Elle porte le nom du dieu des forêts, parce que , dans ses domaines, elle se pratique souvent naturellement.

(19)

VIII. Greffe (Hymen) *par approche, sur tige, avec accolement de deux troncs et de leurs têtes.* Nouv. Cours d'Agr., t. 6, p. 5o2.

Synonymie. G. par approche, 1re. *sorte.* Duham., Phys. des Arb., t. 2, p. 78, pl. XII, fig. 108.

Opération. Rapprocher deux tiges d'arbres *h h* (1re. sect., pl. 3), les entailler longitudinalement aux points où elles se touchent ; couvrir les plaies l'une par l'autre, et ligaturer solidement les parties.

Usages. Pour réunir des sexes séparés, fournir des bois courbes aux arts, produire des effets pittoresques dans les jardins, ou rappeler des souvenirs agréables. (Voyez H.)

Dénomination. On a donné à cette greffe le nom du dieu du mariage, parce qu'elle peut produire des unions entre des arbres de sexes différens.

IX. Greffe (Dumoutier) *par approche, sur tige, au moyen de quatre esquilles de bois fixées les unes entre les autres.* Nouv. Cours d'Agr., t. 6, p. 5o2.

Opération. Rapprocher les tiges de deux jeunes arbres *i i* (1re. sect., pl. 3), leur enlever une pièce d'écorce à hauteur correspondante ; former sur l'un et l'autre deux esquilles de bois en sens inverse, faire pénétrer ces esquilles, par le côté, les unes entre les autres, et ligaturer.

Usages. Cette greffe a les mêmes usages que la précédente ; elle est plus difficile à effectuer, mais plus solide.

Dénomination. Ainsi nommée, parce qu'elle a été inventée en 18o9 par M. Dumoutier, jardinier attaché à la culture du jardin du Muséum, dans les Écoles d'agriculture de cet établissement.

X. Greffe (Monceau) *par approche, sur tige, au moyen de l'amputatation de la tête du sujet, de sa taille en coin, et de son introduction dans une entaille faite à la tige de l'arbre portant la greffe.* Nouv. Cours d'Agr., t. 6, p. 5o2.

Synonymie. G. par approche en forme de coin. Duham., Phys. des Arbres, t. 2, p. 79, pl. XII, fig. 113.

Opération. Couper la tête du sujet *j'* (1re. sect., pl. 3), en coin très-prolongé ; pratiquer une incision oblique sur l'arbre porte-greffe *j* ; y insérer le coin de la tige *j'*, et unir les parties opérées. (*Voyez* J.)

Usages. Pour donner une vigueur extraordinaire à un arbre qui se trouve muni,

3*

par cette greffe, de deux systèmes de racines, et qui n'a qu'une seule tige à nourrir.

Dénomination. A la mémoire de l'illustre DUHAMEL-DUMONCEAU, dans le domaine duquel cette greffe, dont il est présumé l'inventeur, a été exécutée vers l'année 1754.

XI. Greffe (Noël) *par approche, sur tige, au moyen de l'amputation de la tête de plusieurs sujets, de leur taille en coin, et de leur introduction dans les entailles faites aux arbres placés au-dessus les uns des autres.* Nouv. Cours d'Agr., t. 6, p. 502.

Opération. Planter une année d'avance trois ou un plus grand nombre de variétés d'arbres de même espèce et de hauteurs différentes; les greffer au-dessus les uns des autres par le procédé de la greffe Monceau, dont celle-ci n'est qu'une variété qui peut devenir utile. *Voyez* 1 et 2, fig. K. (1re. sect., pl. 4.)

Usages. Pour donner une vigueur extraordinaire aux arbres, modifier la saveur et la grosseur de leurs fruits; fournir (peut-être) de nouvelles races.

Dénomination. Imaginée en 1807, par M. Noël, jardinier, attaché alors à la culture de la pépinière d'arbres étrangers du Muséum d'Histoire naturelle.

XII. Greffe (Vrigny) *par approche, sur tige, au moyen de l'amputation de la tête du sujet, de sa taille en bec de plume, et de son application sur l'aubier de l'arbre portant la greffe.* Nouv. Cours d'Agr., t. 6, p. 502.

Synonymie. G. par approche en bec de plume, à une seule tête. DUHAM., Phys. des Arbres, tome 2, page 78, pl. XII, fig. 109.

Opération. Couper la tête d'un sujet *l'* (1re. sect., pl. 4) planté l'année précédente au pied d'un arbre (*Voyez* fig. L); former une incision en biseau très-prolongé, à la partie supérieure de laquelle il ne se trouve que de l'écorce. Cette incision devra correspondre à celle que l'on voit pratiquée sur la tige *l*.

Usages. Pour donner une vigueur extraordinaire à un arbre, et fournir par la suite des bois anguleux propres à la marine.

Dénomination. Du nom d'un domaine dans lequel le respectable Duhamel exécuta cette greffe vers l'année 1756.

XIII. Greffe (Duhamel) *par approche, sur tige, au moyen de l'amputation de la tête des sujets, de leur taille en tenons, et de leur application dans des mortaises pratiquées sur l'arbre à greffer.* Nouv. Cours d'Agr., tome 6, page 502.

Synonymie. G. en étaie. Séances des écoles normales, tome 9, page 269, éd. 1801.

Opération. Tailler en forme de tenon *m'* (1re. sect. , pl. 4) la tête de sujets plantés au pied d'un arbre depuis l'année précédente, et les courber à l'angle de 35 à 40 degrés , fig. M.

Faire des entailles en forme de mortaises (Voyez *m*) dans l'arbre du milieu , y introduire la tête des sujets ; et les y fixer solidement.

Usages. Pour reprendre en sous-œuvre la tige d'un arbre vicié , faire vivre plus long-temps un individu auquel sont attachés de grands souvenirs , établir des limites de territoire et procurer une croissance extraordinaire.

Dénomination. A la mémoire vénérable de DUHAMEL DU MONCEAU , auteur d'un grand nombre d'ouvrages utiles aux progrès des sciences , et sur-tout à l'économie rurale.

XIV. Greffe (Denainvilliers) *par approche, sur tige, au moyen de l'amputation de la tête des sujets, de leur taille en biseau long, et de leur introduction entre l'aubier et l'écorce de l'arbre à greffer.* Nouv. Cours d'Agr., tome 6, page 502.

Opération. Elle est la même que pour la greffe Michaux. (*Voy.* 1re. sect. , pl. 1.)

Usages. Elle a le même usage que la précédente, comme on peut le voir fig. N. (1re. sect. , pl. 4.) Le n°. 1 indique le lieu où l'on avait greffé deux sujets sur la tige , que l'on a coupée depuis , et qui avait procuré les deux branches 2 2. Celles-ci ne tirent maintenant leur nourriture que des racines de l'arbre N.

Dénomination. A la mémoire respectable de DUHAMEL-DENAINVILLIERS , coopérateur de son illustre frère Duhamel du Monceau dans ses nombreuses et utiles expériences agricoles.

XV. Greffe (Fougeroux) *par approche, sur tige, au moyen de la réunion de plusieurrs sujets qu'on accole, en leur conservant la tête, à un arbre placé au milieu d'eux.* Nouv. Cours d'Agr., t. 6, p. 502.

Synonymie. G. en étaie, 3e. var. vulgair. au Muséum d'Histoire naturelle.

Opération. Courber de jeunes sujets, bien repris, sur un arbre placé au milieu d'eux, entailler leurs tiges depuis l'épiderme jusqu'à l'aubier, dans la longueur de 3 à 6 centimètres.

Faire à l'arbre du milieu des entailles correspondantes à celles des sujets , et les couvrir les unes par les autres. (*Voyez* fig. O , 1re. sect. , pl. 5.)

Couper la tête des sujets lorsque la soudure des tiges est effectuée.

Usages. Cette greffe est moins bonne que les trois précédentes. Elle est employée aux mêmes usages.

Dénomination. A la mémoire estimable de FOUGEROUX DE BOND'AROY , digne neveu des Duhamel, dont il suivoit les traces dans ses travaux relatifs à l'économie rurale.

XVI. Greffe (Muséum) *par approche, sur tige, en coupant en deux parties égales les gemma terminaux, avec une portion de leur bourgeon, et les réunissant pour n'en former qu'un seul appartenant à deux arbres.* Nouv. Cours d'Agr., tome 6, page 5o2.

Synonymie. G. *du Muséum.* Annales du Mus., t. 12, p. 43o, pl. XXXVI.

Opération. Couper les gemma terminaux de deux jeunes arbres *p p'* en deux parties égales ; rapprocher exactement les plaies, de manière que les deux demi-gemma n'en forment qu'un.

Usages. En faisant cette greffe, on voulait savoir si les deux demi-gemma se réuniraient et ne donneraient naissance qu'à un seul bourgeon : ils se sont très-bien soudés ; mais toujours chacun d'eux a produit une tige. (*Voyez* fig. P, ¹ʳᵉ. sect., pl. 5.)

Dénomination. Du nom du lieu dans lequel cette greffe a été exécutée pour la première fois, en juin 18o5.

XVII. Greffe (en losanges sur tiges) *par approche de tiges disposées en losanges, et unies à leurs points de section.*

Opération. Planter à des distances égales les uns des autres de jeunes individus, les incliner en sens contraire, et les unir à tous les points de contact par le procédé de la greffe Forsyth.

Usages. Propres à former des claires-voies, des haies solides, des berceaux, etc. (*Voyez* fig. R, ¹ʳᵉ. sect., pl. 5.)

Dénomination. Nom donné à cette greffe en raison de la disposition des tiges greffées.

XVIII. Greffe (en arc) *par approche, sur tige, en faisant décrire une portion de cercle aux individus, et les unissant ensemble.* Nouv. Cours d'Agr., tome 6, page 5o2.

Synonymie. G. *par approche en arc.* Ann. du Mus., tome 13, page 123, pl. XI. Fig. A, *G en arc simple.* Ibidem.

    B, *G en arc, avec agrafe.* Ibid.

    C, *G en arc, avec fentes.* Ibid.

Opération. Iʳᵉ. Manière. Courber en demi-cercle deux jeunes sujets l'un sur l'autre, et les unir au moyen d'entailles. (*s b* SB., ¹ʳᵉ. sect., pl. 6.)

2ᵉ. Manière. La première année, tailler l'une des tiges *s a'* en coin prolongé, et faire à l'autre tige *s a* une entaille triangulaire qui reçoive le coin *s a'*. La seconde

(23)

année, lorsque les bourgeons 1 1 auront poussé, les unir comme on le voit
en *s a''*. (*Voyez* SA.)

La figure S représente une troisième manière d'opérer la greffe en arc.

Usages. Propre à fournir des bois courbes aux arts et à la marine, et à produire
des effets pittoresques dans les jardins.

Dénomination. Ce nom lui a été donné au Muséum d'histoire naturelle, où
l'on a pratiqué cette greffe pour la première fois en 1805.

XIX. Greffe (en berceau) *par approche, sur tiges et sur branches,
en faisant décrire une portion de cercle aux premières, et disposant
les secondes en losanges.* Nouv. Cours d'Agr., tome 6, page 502.

Opération. Planter, sur deux lignes parallèles, de jeunes sujets de même espèce,
ou d'espèces du même genre, et les maintenir par un berceau.

Greffer les sommets des tiges à mesure qu'elles se croisent, par le procédé de
la greffe en arc.

Les branches latérales, disposées à l'angle de 45 degrés environ, se greffent à
tous les points de section par le procédé de la greffe Sylvain. (*Voyez* fig. T,
1re. sect., pl. 6.)

Usages. Pour mettre en communauté de sève tous les arbres qui composent une
tonnelle, de manière que les individus vivans nourrissent ceux dont les
racines viennent à mourir, et pour avoir toujours, par ce moyen, des berceaux
bien garnis de verdure, et par la suite des bois courbes d'une grande valeur.

Dénomination. Ainsi nommée dans les jardins du Muséum, où elle a été effectuée
pour la première fois, en 1807.

XX. Greffe (par compression) *par approche, sur tiges, au moyen de
leur simple compression.* Nouv. Cours d'Agr., tome 6, page 502.

Synonymie. G. pour avoir fruits meslingers. OLIVIER DE SERRES, Théât. d'Agr.,
tome 2, page 370, col. 2, alinéa premier.

Opération. Planter dans la même fosse, et à quelques centimètres les uns des
autres, des sujets d'espèces différentes et de même hauteur.

Lorsqu'ils sont bien repris, les réunir ensemble au moyen de ligatures d'écorce
fraîche de tilleul, et déterminer, par ce moyen, la soudure de leurs tiges.
(Voyez fig. U, 1re. sect., pl. 6.)

Usages. Ces tiges, conservant leurs racines et leurs têtes particulières, donneront
chacune leurs fruits; ce qui ne peut manquer de produire des effets très-agréables
dans les jardins.

Mais on ne peut croire que de cet aggrégat il sorte des fruits qui participent des qualités de tous les arbres qui le composent ; comme le pensaient les anciens cultivateurs ; jusqu'à présent l'expérience a démontré le contraire.

Dénomination. Nom adopté au Muséum d'histoire naturelle.

XXI. Greffe (Diane) *par approche, sur tiges contournées les unes autour ou à côté des autres, en spirale, dans la hauteur du tronc.* Nouv. Cours d'Agr., tome 6, page 5o3.

Synonymie. G. en spirale. Muséum d'histoire naturelle.

Opération. Réunir dans la même fosse de jeunes sujets d'espèces différentes, de même âge, de même hauteur et de même croissance.

Lorsqu'ils sont bien repris, contourner leurs tiges à côté les unes des autres, suivant la marche du soleil et dans la hauteur de huit pieds.

Usages. Pour obtenir des tiges imitant des colonnes torses, des cimes de feuillages variés, des fleurs de couleurs différentes, et des fruits de formes et de qualités diverses, et enfin pour fournir par la suite des bois tortillards d'une grande résistance. (Voyez fig. **V**, 1re. sect., pl. 7.)

Dénomination. Du nom de la déesse des forêts, dans les domaines de laquelle cette greffe se rencontre quelquefois.

XXII. Greffe (Magon) *par approche de tiges composant un seul tronc, au moyen d'écorcemens latéraux et correspondans sur les individus.* Nouv. Cours d'Agr., tome 6, page 5o3.

Opération. Planter dans la même fosse plusieurs jeunes arbres de même force, de même genre et de même croissance.

Les écorcer en regard les uns des autres, dans toute la longueur de leurs tiges ; les rapprocher ensuite de manière que leurs plaies se recouvrent les unes les autres, et enfin les ligaturer avec de larges lanières d'écorce fraîche. (Fig. **X**, 1re sect., pl. 7.)

Usages. Pour faire produire un plus grand nombre de fruits, donner aux arbres une plus grande dimension, et les faire vivre plus long-temps. Les fameux châtaigniers du mont Etna, les gros et antiques oliviers d'Espagne sont ainsi greffés.

Dénomination. A la mémoire de MAGON, l'un des plus savans agronomes des Carthaginois, peuple qui pratiquait cette greffe, et dont les descendans l'ont introduite en Espagne.

XXIII. Greffe (Chinoise) *par approche de tiges fendues longitudina-*
lement en plusieurs parties, et réunies à des parties semblables
d'autres sujets pour ne composer qu'un seul tronc. Nouv. Cours
d'Agr., tome 6, page 5o3.

Synonymie. G. pour obtenir des ceps qui portent des grappes de raisin, les unes
noires, les autres blanches. PALLADIUS.

    G. pour diversifier les raisins en couleur. OLIV. DE SERRES, Théâtre d'Agr.,
tome 1, page 258, col. 2, alinéa premier.

    Var. A. *G. par approche sur branches, 5*. sorte, ou par réunion de parties
de tiges. Dict. d'Hist. nat., tome 2, page 139.—Vulgairement, *G. chinoise, au*
Muséum.

Opération. Fendre dans leur longueur, et au tiers de leur diamètre, deux ceps de
    vignes à fruits de couleurs différentes, et les unir plaie contre plaie.

    Fendre par quartiers égaux de jeunes individus d'espèces différentes, et unir
les quartiers des diverses espèces pour en composer des individus parfaits.
(Voyez Y, 1re. sect., pl. 7.)

Usages. Par la première opération on obtient des ceps de vigne qui produisent des
    raisins de différentes couleurs.

    Par la seconde, on fait, dit-on, produire aux individus composés de quartiers
de diverses espèces, des fruits de formes bizarres et de saveur particulière. Cette
assertion n'est pas prouvée, et semble en opposition avec les lois de la nature.

Dénomination. Du nom du peuple chez lequel on assure que cette greffe est pra-
    tiquée de temps immémorial.

XXIV. Greffe (Bank's) *par approche, sur tiges, d'individus conservant*
leurs têtes, réunis par les côtés sur une ligne droite.

Opération. Ire. Année. Planter dans la même fosse quatre, cinq, ou un plus grand
    nombre de jeunes arbres, les écorcer en regard les uns des autres, et les unir
solidement au moyen de traverses; couvrir les parties opérées d'un mélange de
terre forte et de bouse de vache délayées en consistance de bouillie claire.

    2e. Année. Répéter, pour les tiges qui se sont prolongées, la même opéra-
tion que l'année précédente. (Voyez fig. Z, 1re. sect., pl. 7.)

Usages. Pour obtenir par la suite de très-larges planches et des madriers, qui se-
    raient d'un fort grand prix.

Dénomination. A la mémoire de sir JOSEPH BANK's, voyageur célèbre, et natura-
    liste aussi distingué par ses connaissances, que par son amour pour les sciences.

4

XXV. Greffe (Daubenton) *par approche de plusieurs tiges unies laté-
ralement sur une ligne droite.*

Opération. 1re. Année. Planter dans la même fosse trois jeunes individus, les
écorcer en regard les uns des autres, et les unir à diverses hauteurs par le moyen
de la greffe Monceau. (Voyez fig. I , 1re. sect. , pl. 7.)

2e. Année. Planter près des trois individus de l'année précédente deux autres
jeunes arbres, et les joindre aux sujets déjà greffés par la même opération.

Usages. Les mêmes que ceux de la greffe Bank's.

Dénomination. A la mémoire de M. DAUBENTON , l'un des professeurs du Muséum
à la fin du siècle dernier.

XXVI. Greffe (Virgile) *par approche d'une tige passée à travers un
tronc perforé dans le milieu de son diamètre.* Nouv. Cours d'Agr.,
tome 6, page 5o3.

Synonymie. G. *de la vigne en perforant la tige d'un sujet.* COL., des Choses rustiques , liv. 4, page 221 , ligne 24.

G. *de la vigne sur le noyer.* ET. CHEVALIER , Bibl. des Propriétaires ruraux ,
tome 9, page 111.

Opération. Perforer un tronc de vigne ou d'un arbre disgénère , le faire traverser
par un jeune sarment ou une branche , rogner le rameau à deux yeux au-dessus
du point où il sort du sujet , et luter les deux orifices du trou.

Usages. La plupart des auteurs de l'antiquité prétendaient qu'une vigne ainsi
greffée sur noyer (fig. 3 , 1re. sect., pl. 7) donnait des raisins de la grosseur
d'une prune, mais dont le goût était celui du brout de noix : les expériences
répétées jusqu'à ce jour au Muséum ne nous ont donné aucun de ces résultats.
Le sarment ne s'unit point au noyer : il végète au moyen de ses propres racines ;
les raisins qu'il donne conservent leur saveur , et lorsqu'il devient trop gros , il
est pour ainsi dire étranglé dans le trou qu'il traverse.

La figure 3' représente une manière plus compliquée d'opérer la même greffe.
On voit que le sarment , à l'endroit où il s'unit au noyer , est partagé en deux
parties ; dont l'une traverse le tronc, et dont l'autre se relève pour être greffée
sous l'écorce de l'arbre. Ce moyen avait paru propre à augmenter les chances de
la réussite ; mais il n'a pas donné de résultats plus satisfaisans que le premier.

Dénomination. Du nom du poëte latin auquel on doit la description pratique de
cette greffe singulière et antique.

Serie II. *Greffes par approche sur branches.*

Caractères distinctifs. Les greffes de cette série se distinguent de celles de la précédente en ce que les individus greffés s'unissent par leurs branches latérales et leurs rameaux, ou du moins par les branches latérales et les rameaux de l'un sur la tige de l'autre ; au lieu que, dans la première série, ce sont toujours les tiges principales ou les troncs des arbres qui sont greffés ensemble.

Elles s'exécutent, pour la plupart, de la même manière que celles de la première série, et exigent les mêmes soins et les mêmes appareils.

Ces greffes, plus particulièrement propres à transformer de jeunes sujets sauvageons en espèces plus recherchées, fournissent aussi des moyens de multiplication plus abondans que les précédentes.

Elles sont en usage dans les pépinières et dans plusieurs sortes de jardins de l'Europe.

SORTES.

I. Greffe (Cabanis) *par approche sur branches, au moyen d'entailles correspondantes, faites jusqu'à la moitié de l'épaisseur des parties.* Nouv. Cours d'Agr., tome 6, page 5o3.

Synonymie. G. par embrassement. Agricola, Agric. parf., part. 1re., page 177, alinéa premier, pl. VII, fig. H.

   G. par approche sur branches, première manière. Cab., Principes de la Greffe édit. 18o3, page 46. (*Exclure la figure qui représente la greffe hymen.*)

Opération. Rapprocher deux branches, l'une d'un sauvageon, et l'autre d'un arbre cultivé.

4*

Les inciser au point où elles se croisent, jusqu'à l'étui médullaire , et les unir ensemble. (Voyez fig. **A**, 1re. sect., pl. 8.)

Usages. Pour multiplier des arbres qui se propagent difficilement au moyen des greffes en fente et en écusson, principalement ceux qui n'ont point de gemma écailleux.

Dénomination. A la mémoire estimable de CABANIS, auteur de l'*Essai sur les Principes de la Greffe,* ouvrage intéressant par la bonne théorie et la saine pratique qui y sont enseignées.

II. Greffe (Agricola) *par approche de branches accolées ensemble au moyen de plaies longitudinales.* Nouv. Cours d'Agr., t. 6 , p. 5o3.

Synonymie. G. ablactatio. PLINE.

    G. caressante. AGRICOLA, Agric. parf. , partie 1re., p. 176, alinéa premier , et page 198, pl. VII, fig. **G.**

Opération. Rapprocher deux branches d'arbres différens;

    Faire sur chacune d'elles une plaie longitudinale, jusqu'à l'étui médullaire , et couvrir ces plaies l'une par l'autre. (Voyez fig. **B**, 1re. sect. , pl. 8.)

Usages. Même usage que la précédente.

Dénomination. A la mémoire de GEORGES-ANDRÉ AGRICOLA, médecin , cultivateur à Ratisbonne, au commencement du siècle dernier. Il est l'auteur de l'*Agriculture parfaite*, ouvrage dans lequel , parmi une grande quantité d'idées absurdes, on rencontre parfois des observations utiles.

III. Greffe (Aiton) *par approche, sur branches , pour les arbres résineux et ceux qui sont toujours verts.* Nouv. Cours d'Agr., t. 6 , p. 5o3.

Synonymie. G. par approche en langue. FORSYTH , Traité des Arbres fruitiers, page 244, alinéa 3, pl. **XI**, fig. 5, lettre P.

Opération. Elever en pots de jeunes sujets d'arbres résineux ou toujours verts; les rapprocher des branches d'arbres dont on veut former des pieds.

    Faire aux sujets et aux branches des plaies longitudinales jusqu'à l'aubier; former, si l'on veut, une agrafe (Voyez *c' c''*, 1re. sect. , pl. 8) au milieu de chaque plaie , et ligaturer les parties. (fig. C.)

Usages. Recommandable pour la multiplication des espèces rares d'arbres résineux et de ceux qui sont toujours verts, et pour propager (momentanément) des arbres à feuilles permanentes sur ceux qui les perdent chaque année.

Dénomination. Le nom de l'auteur de cette greffe, d'origine anglaise, n'étant pas

connu , on lui a donné celui de WILLIAMS AITON , son compatriote et son con-
temporain , directeur des beaux jardins de Kew à la fin du siècle dernier , et
auteur de l'*Hortus Kewensis,*

IV. Greffe (Rozier) *par approche sur deux branches mères dont les
bourgeons sont disposés en losange , et greffés à tous les points de
section.* Nouv. Cours d'Agr., tome 6, page 5o3.

Synonymie. G. par approche compliquée , 3e. *méthode.* ROZIER , Cours d'Agr. ,
tome 5, page 346, col. 1re., alinéa 3 , pl. XV *bis*, fig. 4, 5 et 6 , et page 4o5
du même vol.

Opération. Planter en ligne des sujets greffés sur franc ; établir deux mères
branches opposées et horizontales ; laisser croître des bourgeons à leur partie
supérieure, et les greffer en losange à mesure qu'ils grandissent, suivant le procédé de la G. Cabanis. (Voyez fig. D, 1re. sect. , pl. 8.)

Usages. Très-utile pour établir des haies fruitières dans le genre du pommier
sur-tout, à la campagne et dans les jardins. Elles sont solides , défensives , et
rapportent de beaux fruits en abondance.

Dénomination. A la mémoire honorable du savant et infortuné ROZIER , auteur
de la première édition du *Cours complet d'Agriculture ,* ouvrage dans lequel
on a cherché à soustraire l'agriculture au joug de la routine, sous lequel elle
était asservie.

V. Greffe (en losanges) *par approche de branches disposées en
losanges , et unies à leurs points de section.* Nouv. Cours d'Agr. ,
tome 6 , page 5o3.

Synonymie. G. par approche sur branches , 2e. *sorte , ou G. en losange.* École.
Norm., tome 9, page 272.

Opération. Planter de jeunes sujets à quelques centimètres les uns des autres ; les
rabattre à quatre centimètres au-dessus de la terre ; ménager deux bourgeons
opposés parmi ceux qui pousseront , et les greffer, à mesure qu'ils grandiront ,
à leurs points de section , par le procédé de la greffe Sylvain.

Usages. Propre à former d'excellentes haies de défense, à la campagne , des palis-
sades dans les jardins , et des divisions dans les vergers.

Dénomination. Nom pris de la figure qu'on fait décrire aux branches de ces arbres,
et qu'elles conservent toute leur vie.

VI. Greffe (égyptienne) *par approche de branches de plusieurs arbres sur la tige d'un autre individu placé au milieu d'eux.* Nouv. Cours d'Agr. , tome 6 , page 5o3.

Synonymie. G. par rapprochement. CAYLUS, Histoire du Rapprochement des Végétaux, pages 32 et suiv.

Opération. Planter à un mètre de distance d'un arbre fruitier deux jeunes sujets du même genre ; greffer par approche, sur la tige de l'arbre du milieu, plusieurs branches de chacun des sujets, et laisser croître les autres naturellement.

Usages. Pour opérer (disait-on) un changement dans la grosseur, la couleur et la saveur des fruits, en même temps que dans la densité des bois. L'expérience n'a démontré aucun de ces faits.

Dans l'exemple E, 1re, sect., pl. 8, on a séparé du sol l'arbre du milieu, de manière qu'il n'existe plus maintenant qu'aux dépens de la sève qu'il reçoit de ses voisins ; et cependant les fruits qu'il produit n'ont pas changé sensiblement de saveur depuis cette opération.

Dénomination. Cette greffe est (à ce qu'on dit) d'invention égyptienne : de là lui vient le nom qu'elle porte.

VII. Greffe (Buffon) *par approche de branches arquées d'un arbre, incrustées sur des tiges de sujets disposés à sa circonférence.* Nouv. Cours d'Agr. , tome 6 , page 5o3.

Synonymie. G. Buffon. Annales du Mus., tome 13, page 138, pl. XIII.

Opération. Placer aux quatre coins d'un gros arbre fruitier, dont plusieurs branches sont arquées, quatre sauvageons forts et vigoureux.

Greffer par incrustation, sur chacun d'eux et à différentes places, l'extrémité des branches arquées du gros arbre du milieu. (Voyez fig. F, 1re. sect., pl. 8.)

Les lignes ponctuées que l'on remarque dans la figure indiquent que l'on peut aussi greffer les branches de l'arbre du milieu entre elles.

Usages. Pour se procurer une plus grande abondance de plus beaux et de meilleurs fruits, et pour remplacer les étaies de bois mort dont on se sert dans les vergers agrestes pour soutenir les branches en danger de se rompre sous la charge des fruits.

Dénomination. A la mémoire de BUFFON, dont les travaux immortels ont inspiré l'amour de l'histoire naturelle en général, et celui de la culture des forêts en particulier.

(31)

VIII. Greffe (Caton) *par approche de bourgeons tordus et comprimés pendant leur croissance.* Nouv. Cours d'Agr., tome 6, page 503.

Synonymie. G. pour diversifier les raisins en couleur, 3e. *moyen.* Oliv. de Serres, Théâtre d'Agr., tome 1er., page 259, col. 1re.

Opération. Planter dans une même fosse plusieurs et jusqu'à cinq crossettes enracinées de diverses variétés de vignes.

Laisser croître le plus fort bourgeon de chaque pied; tordre légèrement ces bourgeons et les ligaturer, pour qu'en se greffant ensemble ils ne forment qu'une seule tige. (Voyez fig. G, 1re. sect., pl. 8.)

Usages. Pour obtenir (disait-on) des grappes de raisin dont les grains soient panachés de diverses couleurs, et aient la saveur mélangée de toutes les variétés composant l'aggrégation.

Chacune de ces variétés a produit des raisins semblables à ceux qu'elles donnaient avant l'opération.

Dénomination. A défaut du nom de l'inventeur de cette greffe, qui est un ancien Romain, on lui a donné celui de son compatriote Marcus Porcius Caton, le censeur, auteur d'un livre très-estimable sur l'économie rurale et domestique. Pline fait de lui le plus bel éloge, en disant qu'il fut le meilleur citoyen de son siècle.

Série III. *Greffes par approche sur racines.*

Caractère distinctif. Elles s'effectuent par approche, avec les parties descendantes des végétaux, et sous terre.

Le but d'utilité de cette série de greffes est de rétablir en santé des arbres malades d'épuisement, ou de les obliger de croître plus vigoureusement qu'il n'est dans leur habitude; d'éclaircir quelques points de physique végétale encore obscurs pour beaucoup de cultivateurs.

Elles sont inconnues dans la pratique ordinaire.

SORTES.

I. Greffe (Malpighi) *par approche de racines tenant aux souches de deux arbres voisins.* Nouv. Cours d'Agr., tome 6, page 503.

Synonymie. G. de racines entre elles. Duham., Phys. des Arb., t. 2, p. 85, lig. 4.

G. de racines sur une autre. Cad., Ess. sur la Greffe, page 52, alinéa 3.

Opération. Découvrir des racines du second ordre d'arbres voisins; les opérer suivant les procédés des greffes Hymen ou Sylvain; les remettre à leur place, et les couvrir de terre. (Voyez fig. H, 1re. sect., pl. 8.)

Usages. Pour mettre en communauté de sève les racines de plusieurs arbres.

Dénomination. A la mémoire du savant Malpighi, physicien du 16e. siècle, qui a posé les premières bases de l'anatomie végétale.

II. Greffe (Lemonnier) *par approche de souches de racines entre elles, en ne réservant qu'une seule tige.* Nouv. Cours d'Agr., t. 6, p. 503.

Opération. Planter au pied d'un arbre malade deux souches de racines d'espèces congénères (Voyez 1 et 2, fig. I, 1re. sect., pl. 8); greffer, par incrustation sur l'aire de leur coupe, l'extrémité de deux racines de l'individu malade, qui conserve toutes ses parties ascendantes.

Usages. Pour rétablir un arbre languissant et augmenter sa fructification.

Dénomination. A la mémoire honorable de Guillaume Lemonnier, médecin, cultivateur, et professeur de botanique au Muséum à la fin du 18e. siècle. Il s'est occupé avec succès de la naturalisation de beaucoup de végétaux étrangers.

Série IV. *Greffes par approche sur fruits.*

Caractères. On les pratique sur les fruits ou sur les embryons.

But d'utilité. Elles s'effectuent accidentellement dans la nature, et produisent des monstruosités remarquables, dont on est parvenu à fixer plusieurs au moyen de la greffe.

Elles ne sont point employées dans la pratique habituelle, mais elles peuvent être utiles aux progrès de la physique végétale.

SORTES.

I. Greffe (Pomone) *par approche de fruits s'unissant dès leur naissance dans les boutons qui les renferment.* Nouv. Cours d'Agr., tome 6, page 503.

Synonymie. G. de fruits dans leurs boutons. Duham., Phys. des Arbres, tome 2, page 84, alinéa 2.

(33)

Opération. Comprimer dès leur naissance des embryons de fruits , pour qu'en grossissant ils se soudent ensemble.

Usages. Propre à procurer des monstruosités remarquables.

Dénomination. Nom de la déesse des fruits , dans l'empire de laquelle s'opère naturellement cette greffe. (Voyez fig. Aa', 1ʳᵉ. sect. , pl. 9, l'exemple de deux amandes greffées naturellement.)

II. Greffe (Leberriays) *par approche de fruits d'un arbre sur le rameau d'un autre arbre.* Nouv. Cours d'Agr., tome 6 , page 5o3.

Synonymie. G. d'un citron sur un oranger. Duham., Phys. des Arbres, tome 2 , page 97, alinéa 7.

Opération. Greffer un jeune fruit tenant à sa branche , sur le rameau d'une espèce congénère, par le procédé de la greffe Hymen ou Sylvain. (Voyez fig. B, 1ʳᵉ. sect. , pl. 9. Pomme greffée sur le poirier.)

Usages. Cette sorte de greffe est curieuse , et utile aux progrès de la physique végétale.

Dénomination. A la mémoire estimable de Leberriays, auteur du nouveau La Quintinie, et collaborateur de Duhamel - Dumonceau, dans son *Traité des Arbres fruitiers.*

Série V. *Greffes par approche de feuilles et de fleurs.*

Caractère. Greffes pratiquées avec des feuilles et des fleurs entre elles , ou sur d'autres parties de végétaux.

But d'utilité. Elles ne sont point en usage dans la pratique habituelle , mais on peut les employer, comme expériences utiles , à des démonstrations de physique végétale.

SORTE.

I. Greffe (Adanson) *par approche de feuilles et de fleurs s'unissant ensemble , dans leur jeunesse, à d'autres parties de végétaux.* Nouv. Cours d'Agr., tome 6, page 5o3.

Synonymie. G. par approche de feuilles. Adanson , Fam. des Plantes, page 69.

5

Opération. Unir, par des incisions longitudinales, de jeunes feuilles ou de jeunes fleurs d'espèces ou de variétés différentes. (Voyez fig. Cc, 1re. sect., pl. 9.)

Usages. Greffe curieuse, et utile à la physique végétale.

Dénomination. A la mémoire honorable d'ADANSON, physicien, botaniste et cultivateur très-distingué, qui le premier a indiqué cette sorte de greffe.

SECTION IIe.

Greffes par scions (surculus).

CARACTÈRE DISTINCTIF. Ces greffes s'effectuent avec de jeunes pousses ligneuses, telles que bourgeons, ramilles, rameaux, petites branches et racines, qu'on sépare de leur individu pour les placer sur un autre, afin qu'elles vivent et croissent à ses dépens.

RAPPORTS. Les boutures, séparées de leurs pieds, sont mises en terre soit pour y pousser des racines, soit pour y produire des bourgeons et devenir des plantes complètes. Les greffes par scions sont, pour ainsi dire, plantées sur des végétaux pour y commencer une nouvelle existence. Toute la différence, c'est que les boutures végètent par leurs propres moyens, tandis que les greffes tirent une grande partie (1) de leur nourriture des racines du sujet. C'est que les boutures sont des êtres homogènes, et les greffes des individus hétérogènes.

Cette section renferme ce qu'on nomme communément les greffes en fente, en couronne, de côté, par juxta-position et en bouts de branches. Elles sont réunies dans la même section, parce qu'elles n'offrent pas de caractères assez tranchés pour être séparées autrement que par séries.

La THÉORIE DE CES GREFFES consiste à couper les scions

----

(1) *Une grande partie...* Les arbres ne vivent pas seulement des sucs puisés dans le sol par les racines : les feuilles pompent dans l'atmosphère des fluides qui contribuent beaucoup à l'accroissement des couches ligneuses.

5*

plusieurs jours d'avance, afin qu'ils soient moins en sève que les sujets sur lesquels ils doivent être placés (1). Il faut aussi avoir soin d'opérer quelques-unes de ces greffes pendant le plein de la sève, et toutes les autres de la même section pendant l'ascension de ce fluide.

Comme les greffes des arbres qui se dépouillent de leurs feuilles pendant l'hiver peuvent être coupées dès le mois de novembre, on les conserve en état d'être greffées au printemps suivant, en les plaçant en terre, soit dans un cellier, soit en des plates-bandes à l'exposition du nord.

Pour les placer sur les sujets, il faut souvent couper la sommité de la tige de ces derniers, quelquefois celle des branches, et toujours il est indispensable de faire des incisions ou des entailles plus ou moins profondes.

Toutes ces plaies doivent être faites avec des instrumens bien tranchans, pour qu'elles soient nettes, et que les écorces soient conservées entières sur leurs bords.

Les ustensiles nécessaires à l'exécution des greffes de cette section sont, comme pour celles de la précédente, une serpette et un greffoir; mais il faut ajouter trois autres petits instrumens figurés dans la planche 2 de la 3e. section. Le premier (fig. 8) est une espèce de couteau, qui sert d'abord à fendre le sujet que l'on veut greffer, et ensuite, au moyen du coin qui se trouve à l'une de ses extrémités, à écarter les deux parties de la tige tandis que l'on y introduit la greffe. Le second (fig. 9) est un maillet d'un bois assez dur pour faire pénétrer

____

(1) On conçoit que si la végétation de la greffe était plus avancée que celle du sujet, ne recevant pas de ce dernier autant de sève qu'elle en a besoin, elle périrait; au lieu que si le sujet est plus en sève que la greffe, il lui communiquera facilement toute la nourriture nécessaire à son développement.

le couteau dont il vient d'être question dans les tiges que l'on
veut fendre. Enfin le troisième (fig. 7) est employé pour séparer, dans les greffes en couronne, l'écorce de l'aubier à l'endroit où l'on veut introduire un jeune scion. On se sert pour
cela du petit bec d'ivoire creusé en gouttière que l'on remarque
à l'extrémité droite de l'instrument. Une petite scie à main est
encore nécessaire pour couper les sommités de quelques branches trop grosses pour être enlevées avec la serpette, et dans
ce cas ce dernier instrument ne sert qu'à parer la plaie.

La coïncidence des couches du liber des greffes et des sujets
est de rigueur, au moins dans la plus grande partie des points
de contact.

Enfin, les greffes de cette section exigent des ligatures,
souvent des emplâtres qui les préservent de la pluie et du hâle,
et quelquefois des appareils.

Usages. Les greffes par scions sont plus faciles à exécuter,
et d'un usage beaucoup plus général que les greffes par approche.

On les effectue sur de jeunes sujets âgés de huit mois, sur
des arbres adultes, et sur des branches de vieux arbres appro-
chant de la décrépitude.

Elles ont pour but spécial de multiplier des variétés et des
races qui ne se propagent pas de semences avec leurs qualités,
et de transformer des espèces communes en arbres plus rares
ou plus estimés. Elles procurent aussi des jouissances plus
promptes, mais en général moins durables que celles que l'on
obtient par la voie des semis.

Division en Séries. Comme les espèces de greffes qui appar-
tiennent à cette section sont nombreuses, on les a divisées en

cinq séries, en raison des parties des arbres avec lesquelles on les effectue, et des opérations qu'elles nécessitent.

1re. Série, greffes en fente.

2e. Série, greffes en tête ou en couronne.

3e. Série, greffes en ramilles.

4e. Série, greffes de côté.

5e. Série, greffes par racines et sur racines.

Série Ire. *Greffes en fente.*

Caractère. Ce qui constitue le caractère distinctif des greffes de cette série, c'est qu'elles s'effectuent avec des ramilles ou jeunes pousses de la dernière sève, munies de deux, de cinq ou d'un plus grand nombre d'yeux ou gemma ; que pour les poser on est obligé de couper la tête des sujets, et d'y pratiquer des fentes pour y introduire les greffes dont la base est taillée en lame de couteau.

Temps de l'exécution. Elles se pratiquent presque toujours au printemps, à sève montante, et nécessitent des ligatures, des poupées, ou un enduit de l'amalgame décrit page 14, note 1.

But d'utilité. Leur usage le plus fréquent est de former des arbres fruitiers à tiges, pour établir de grands vergers agrestes, des quinconces, et border des chemins vicinaux et des routes.

SORTES (1).

I. Greffe (Atticus) *en fente à un seul rameau, de diamètre plus petit que celui du sujet.* Nouv. Cours d'Agr., t. 6, p. 411, pl. 3, fig. 5.

Synonymie. G. en fente simple. Duham. Phys. des Arb., tome 2, page 67, alin. 3, pl. XI, fig. 95.

---

(1) Les exemples de chacune de ces sortes de greffes sont présentés par cinq jeunes arbres ou arbustes, qui occupent deux mètres carrés de terrain, et qui sont plantés par lignes et en échi-

Opération. Couper, au collet de la racine ou à différentes hauteurs jusqu'à celle de 8 pieds, des tiges de sujets, les fendre dans le milieu de leur diamètre (Voy. *a*, 2ᵉ sect., pl. I.), et y insérer une greffe après l'avoir taillée par sa base en lame de couteau. Voy. *a'*. (Exemple A.)

Usages. Propre à la vigne, aux arbres dont les greffes doivent être enterrées, et à ceux destinés à former de grands vergers, que l'on greffe à hautes tiges.

Dénomination. A la mémoire de Lucius Atticus, auteur de l'Antiquité, qui recommande l'usage de cette greffe pour transformer en bonnes espèces les vignes sauvages.

II. Greffe (Olivier de Serres) *en fente de rameaux sur des branches nouvellement marcottées.* Nouv. Cours d'Agr., tome 6, page 511.

Synonymie. G. *sur provins, pour la vigne.* OLIV. DE SERRES, Théât. d'Agr., t. 1, p. 257, col. 2, alin. premier.

Opération. Marcotter autour d'un cep de vigne (Voy. fig. B, 2ᵉ. sect., pl. I.); ou d'une cépée d'arbres, des sarmens ou de jeunes branches, 1 et 2, les couper à deux décimètres au-dessous du niveau de la terre; les fendre et les greffer avec des rameaux d'espèces plus recherchées; enterrer les greffes, et n'en laisser sortir hors du sol que les deux derniers yeux.

Usages. Pour multiplier abondamment et plus rapidement que par les procédés ordinaires des espèces de vignes précieuses et des arbres étrangers.

Dénomination. A la mémoire vénérable d'OLIVIER DE SERRES, le restaurateur de l'agriculture en France, et l'inventeur de cette greffe.

III. Greffe (Bertemboise) *en fente à un seul rameau porté sur un sujet et taillé en biseau, dans la partie qui n'est pas occupée par la greffe.* Nouv. Cours d'Agr., tome 6, page 511.

Synonymie. G. *en fente, autre sorte.* DUHAM., Phys. des Arb., t. 2, p. 69, alin. 3. G. *en fente de Burchardt.* SICKLER, Jard. allem., t. 12, p. 298; pl. 17, fig. 1 et 4.

---

quier. Le premier individu offre le sujet préparé pour recevoir la greffe; le second présente le sujet greffé à la dernière saison; le troisième, la greffe reprise; le quatrième, la greffe consolidée; le cinquième et dernier, le sujet complétement transformé dans l'espèce de la greffe. Ces derniers étant enlevés à l'automne de chaque année, sont remplacés par des sauvageons qui doivent être greffés l'an suivant. Il résulte de cette disposition que les opérations nécessaires pour chaque sorte de greffe sont présentées dans toute leur gradation, et que la série des exemples est toujours complète.

Opération. Couper la tête du sujet, pratiquer une fente, y introduire un rameau, *c'*, 2ᵉ sect. , pl. 1 , et tailler en biseau long la partie de la coupe du sujet qui n'est pas couverte par la greffe. (Voy. fig. C.)

Usages. Propre à rendre les bourrelets des greffes moins saillans, et à former de plus belles tiges.

Dénomination. A la mémoire de Bertemboise, jardinier en chef du Jardin royal des plantes de Paris, cultivateur très-distingué, qui a mis cette sorte de greffe en pratique, et qui est mort en 1745.

IV. Greffe (Kuffner) *en fente à un seul rameau de même diamètre que le sujet, et dont un des côtés est enlevé pour être remplacé par la greffe.* Nouv. Cours d'Agr., tome 6, page 511, pl. 3, fig. 6, 7 et 8.

Synonymie G. des comtes. Agricola, Agric. parf., 1ʳᵉ. partie, page 223 et 241, pl. 13, fig. CC, DD.

Elle offre cinq variëtés différentes, indiquées ci-dessous par les cinq premières lettres de l'alphabet.

a. *G. d'incision de l'empereur* Agricola, Agric. parf., partie première, page 220, alin. BB, pl. 13, fig. BB.

b. *G. de rapport oblique.* Et. Calvel, Trait. des pépin., tome 2, page 92, pl. 1, fig. 13, let. NN, RR.

c. *G. allemande.* Sickler, Jard. all., tome 16. pl. 13, fig. 7.

d. *G. copulation.* Sickler, Jard. all., tome 2, page 139, tab. 12, fig. 4.

e. *G. de Holyk.* Sickler, Jard. all., tome 2, page 139, tab. 12, fig. 5.

Opération. Les greffes doivent être exactement de même diamètre que les tiges des sujets sur lesquels on les pose.

Les tiges doivent être entaillées à mi-épaisseur en sens inverse, de manière qu'étant réunies, chacune d'elles remplace ce qui a été supprimé à sa voisine. (Voy. Dd', 2ᵉ sect., pl. 1.

Usages. Plus propre à figurer dans l'histoire des greffes que dans la pratique de cet art, parce qu'elle est peu solide.

Dénomination. A la mémoire de Frédéric Kuffner, auteur d'un ouvrage étendu sur les greffes, publié au commencement du dix-huitième siècle, et inventeur de celle-ci.

V. Greffe (Maupas) *en fente à un seul rameau, à yeux dormans, en réservant les branches du sujet placé au-dessus de la greffe.* Nouv. Cours d'Agr., tome 6, page 511.

Synonymie G. *en fente dans un temps inusité.* Rast-Maupas, Annal. de l'Agr. franç., tome 35, page 384.

Opération. Etablir à sève tombante, en août, une greffe en fente E', 2ᵉ sect., pl. 1, sur un jeune sujet, et lui laisser la plus grande partie de ses rameaux inférieurs à cette greffe. (Voy. fig. E.)

Supprimer toutes ses branches et tous ses bourgeons au printemps suivant, pour déterminer la sève à se porter sans partage sur les gemma de la greffe, et à faire croître les bourgeons.

Usages. Peu fréquente dans la pratique ordinaire, mais elle peut être employée avec succès pour la multiplication d'arbres étrangers de pleine terre à gemma écailleux.

Dénomination. En l'honneur de M. Rast-Maupas, son inventeur, propriétaire cultivateur d'une riche collection de végétaux étrangers, près Lyon.

VI. Greffe (Ferrari) *en fente à un seul rameau de même diamètre que la tige du sujet.* Nouv. Cours d'Agr., tome 6, page 511.

Synonymie. G. *en fente.* Duham., Phys. des Arb., tome 2, page 68, alin. 3, pl. 11, fig. 96 et 97.

Var. a. G. *en fente, nouvelle variété.* Et. Calvel, Trait. des Pépin., tome 2, page 84, pl. 1, fig. 9, A, B, X, Z.

Opération. Tailler en manière de bec de hautbois l'extrémité de la greffe F' (2ᵉ sect., pl. 1); l'insérer dans une fente établie au milieu du diamètre du sujet F; réserver les deux liserets d'écorce du bec de la greffe, et les faire coïncider avec celle du sujet.

Quelquefois, au lieu de fendre le sujet F dans son milieu, on le fend au tiers de son diamètre pour laisser la moelle intacte.

Usages. Employée sur de jeunes sujets d'arbres fruitiers, et sur des arbustes à fleurs, tels que les jasmins d'Espagne, des Açores, d'Arabie et autres. Pratiquée très-communément à Gênes.

Dénomination. A la mémoire estimable de Ferrari, auteur d'un bel ouvrage italien sur la culture des fleurs, publié dans le dix-septième siècle, et promoteur de cette greffe.

VII. Greffe (Lee) *à un seul rameau taillé par sa base en coin triangu-laire, et placé dans une rainure de même forme, sans fendre le cœur du bois.* Nouv. Cours d'Agr., tome 6, page 511.

Synonymie. G. en fente (Clest, Stock, or Slitgrafting). Forsy. Traité des Arb. fruit., page 243 et 382, pl. 11, fig. 2, let. *e, f.*

Opération. Faire une entaille triangulaire sur le côté d'un sujet dont on a coupé la tête. (Voy. G, 2e. sect. pl. 1.)

Tailler le bas de la greffe en pointe triangulaire de même dimension que l'entaille du sujet G', et unir les parties.

Usages. Pour des arbres délicats dont la colonne médullaire ne doit point être lacérée, et de grosses tiges d'arbres dont l'écorce boiseuse offre peu de sève.

Dénomination. L'auteur de cette greffe de moderne invention n'étant pas connu, on lui a donné le nom d'un de ses compatriotes, M. Lee, cultivateur négociant de Londres, possesseur d'une riche collection de végétaux étrangers.

VIII. Greffe (Miller) *à un seul rameau placé sur la coupe du sujet.* Nouv. Cours d'Agr., tome 6, page 511, pl. 4, fig. 9.

Synonymie. G. en langue. Miller, Dict. des Jard., t. 3, p. 553, col. 1, alin. 2. Elle offre trois variétés principales qui sont :

a. *G. en langue.* Sickler, Jard. All., tome 3, page 132, pl. 8, fig. 4 et 5.

b. *G. de Kruse.* Sickler, Jard. Allem., t. 7, p. 259, pl. 14, fig. 1 et 2.

c. *G. anglaise.* Sickler, Jard. Allem., t. 7, p. 265, pl. 14, fig. 4, 5, 6, 7 et 8.

Opération. Tailler la greffe par sa base en langue d'oiseau surmontée d'une dent (n', 2e sect., pl. 1); pratiquer sur la coupe horizontale du sujet H une hoche pour recevoir la dent de la greffe, et une plaie longitudinale pour être couverte par sa languette, et unir les parties.

Usages. Propre à être pratiquée sur des tiges et des racines d'un grand nombre d'espèces d'arbres.

Dénomination. A la mémoire honorable de Philippe Miller, jardinier de Chelsé, en 1731, auteur du Dictionnaire des Jardiniers, ouvrage qui a mérité à ce culti-vateur la reconnaissance et l'amour de ses concitoyens, ainsi que l'estime des agronomes de toutes les nations de l'Europe.

IX. Greffe (anglaise) *à un seul rameau de même diamètre que le sujet, avec esquille.* Nouv. Cours d'Agr., tome 6, page 511.

Synonymie. G. en fente, 3e. sorte, *ou à l'anglaise.* Séanc. des Ecol. Norm., t. 9, p. 281.

(43)

Opération. Couper en biseau très-prolongé la tête du sujet, et pratiquer une fente dans le milieu de la longueur de la plaie. (Voy. I, 2ᵉ. sect. pl. 1.)

Répéter la même opération sur le rameau de la greffe, mais en sens inverse 1', et unir les parties.

Usages. Propre à la multiplication des arbres étrangers à bois dur. Cette greffe est d'une grande solidité.

Dénomination. Nom sous lequel elle est connue en France : il indique l'origine de cette greffe , à défaut du nom de son inventeur , qui nous est inconnu.

X. Greffe (anglaise à queue) *à un seul rameau, de même diamètre que le sujet, en réservant à la greffe une partie de sa tige inférieure.*

Opération. La même que la précédente, à cette différence près, que l'on réserve au rameau greffé une longueur de quelques centimètres de la tige inférieure.

Usages. En opérant cette greffe, on avait pour but de savoir si la sève descendante pourrait alimenter la partie du rameau qui se trouve au-dessous de l'opération. L'expérience a réussi complétement, et non-seulement ce rameau s'est couvert de feuilles, mais il a donné des fruits. (Voy. fig. O, 3ᵉ. sect., pl. 2.) C'est un fait bien important de physique végétale.

XI. Greffe (Lenôtre) *en fente à un seul rameau placé sens dessus dessous.* Nouv. Cours d'Agr., tome 6, page 511.

Synonymie. G. sens dessus dessous. ROGER-SCHABOL, Prat. du Jard., tome 1ᵉʳ. page 79, alin. 1ᵉʳ.

Opération. Tailler le rameau destiné à former la greffe (1', 2ᵉ. sect., pl. 1), par son petit bout, en manière de lame de couteau;

L'insérer dans une fente pratiquée sur la coupe de la tête d'un sujet, comme dans la greffe Atticus. (Voy. fig. J.)

Usages. Non employée dans la pratique habituelle. Pouvant servir à hâter la fructification. Utile comme expérience de physiologie végétale, puisque les bourgeons, quoique tournés vers la terre par leur sommet, se redressent en croissant, et poussent dans une direction verticale.

Dénomination. A la mémoire honorable de LENÔTRE, l'architecte de jardins le plus distingué du 17ᵉ. siècle. Il a construit ceux des Tuileries, de Versailles , et la plupart des grands jardins du genre symétrique de l'Europe.

XII. Greffe (Palladius) *en fente à deux rameaux placés à l'opposé, occupant chacun la demi-circonférence de la coupe du sujet.* Nouv. Cours d'Agr., tome 6, page 511.

Synonymie. G. en fente. COLUM., liv. 5, page 285, lig. 16.

6*

Var. a. *G. en fente à deux rameaux placés au tiers de la circonférence du sujet.* Et. Calo. , Traité des Pépin. , tome 2 , page 79 , alin. 3 , pl. 1 , fig. 8.

Opération. Fendre la tête d'un sujet au milieu ou au·tiers de son diamètre.

Placer sur les deux bords extérieurs de la fente deux rameaux k' taillés en lame de couteau. (Voy. fig. K , 2e. sect. , pl. 1.)

Usages. Employée pour des sujets dont la coupe offre deux à quatre centimètres de large. Elle multiplie les chances de la réussite , et fournit les moyens de varier la couleur des fleurs et les variétés de fruits sur un même individu.

Dénomination. A la mémoire de Palladius , agronome romain de l'Antiquité, qui a naturalisé les citronniers en Italie, d'où ils ont été apportés dans le midi de la France.

XIII. Greffe (de la vigne) *en fente à deux rameaux placés des deux côtés de la demi–circonférence du sujet, sans offenser la moelle.* Nouv. Cours d'Agr. , tome 6, page 511.

Synonymie. Ente de la vigne. Constant. Cés. , liv. 4 , chap. 11 , page 47.

Opération. Découvrir une souche de vigne; couper sa tige à un décimètre au-dessous du sol ; former deux rainures triangulaires sur les côtés.

Tailler en pointe triangulaire deux sarmens , les ajuster exactement dans les rainures du sujet, et recouvrir de terre les racines, en ne laissant sortir hors du sol que les deux derniers yeux des greffes.

Usages. Pour transformer en bonnes espèces des variétés de vignes de médiocre qualité , et pour augmenter la quantité de leurs produits.

Dénomination. Nom donné à cette greffe par les auteurs de l'antiquité, en raison de son usage le plus fréquent.

XIV. Greffe (Constantin César) *en fente à deux rameaux avec suppression de la moelle du sujet.* Nouv. Cours d'Agr. , tome 6, page 511.

Synonymie. Ente de la vigne laxative et unguentère. Constant. César , liv. 4 , chap. 7 et 8, page 46.

Opération. Couper un cep de vigne un peu au-dessous de la surface de la terre ; le fendre dans le milieu de son diamètre ; enlever la moelle, et la remplacer par des aromates , des couleurs ou des médicamens.

Poser sur les bords de la fente deux greffes taillées en lame de couteau par leur base et les enterrer en ne laissant sortir au-dessus du sol que leurs deux derniers yeux.

Usages. Pour se procurer (disait-on) des raisins odorans de diverses couleurs, qui partagent les propriétés des médicamens qui remplacent la moelle des sujets (opinion démontrée de toute fausseté).

Dénomination. A la mémoire de Constantin César, empereur d'Orient, dont il nous reste vingt Traités sur l'économie rurale des temps antiques, et qui est l'inventeur de cette greffe bizarre.

XV. Greffe (Trochereau) *en fente, à deux rameaux, sans inciser le canal médullaire du sujet.*

Opération. Cette greffe ne se distingue de la greffe Palladius, fig. K, qu'en ce que au lieu de fendre la tige du sujet par son diamètre, de manière que l'incision forme deux arcs égaux, on la fend à quelque distance du canal médullaire, pour ne point inciser celui-ci. (Voyez fig. L, 2e. sect., pl. 1.)

Usages. Elle convient à des espèces rares et délicates qui pourraient souffrir de la lésion de leur moelle.

XVI. Greffe (la Quintinie) *à deux fentes partageant en quatre parties égales la coupe du sujet, sur lequel on place quatre rameaux.* Nouv. Cours d'Agr., tome 6, page 511.

Synonymie. G. *en fente.* LA Quintinie, Instruct. pour les Jard. fruit., tome 2, page 65, alin. 5.

G. *en fente à quatre rameaux.* Duham., Phys. des Arbr., tome 2, page 67, alin. 1er.

Opération. Couper la tête ou de grosses branches du sujet; les fendre en quatre parties égales dans la longueur d'un à six centimètres. (Voy. M, 2e. sect., pl. 1.)

Placer au bord de chaque fente une greffe taillée par sa base en lame de couteau, et envelopper le tout d'une poupée.

Usages. Propre à être employée sur de gros sujets et de fortes branches pour remplacer la tête de vieux arbres, et les transformer en espèces plus utiles ou plus agréables.

Dénomination. A la mémoire honorable de Jean de la Quintinie, directeur des jardins fruitiers et potagers de Louis XIV, auteur d'un Traité estimable sur la culture des jardins, et le promoteur de cette greffe utile.

Série IIe. *Greffes en tête ou en couronne.*

Caractère. Cette série se distingue des autres 1°. en ce que les greffes qui la composent sont, pour l'ordinaire, choisies parmi les rameaux de l'avant-dernière sève, quelquefois parmi ceux de l'âge de dix-huit mois; 2°. et en ce qu'elles se posent sur les sujets sans fendre le cœur du bois.

Ces greffes conviennent plus particulièrement à de jeunes sujets dont les vaisseaux séveux ont un très-petit diamètre, et dont le bois est fort dur. On les emploie aussi sur de gros arbres fruitiers de la division de ceux à pepins, dont le tronc ou les branches à greffer ont plus d'un décimètre d'épaisseur. Dans ce cas, elles remplacent avec avantage les greffes en fente, et les greffes en écusson ou par gemma.

SORTES.

I. Greffe (Dumont-Courcet) *en tête à un rameau échancré triangulairement par sa base, pour être posé sur un sujet taillé en coin.* Nouv. Cours d'Agr., tome 6, page 511.

Synonymie. G. par enfourchement. DUHAM., Phys. des Arbr., tome 2, page 69, alin. 1er., pl. 12, fig. 98.

Var. a. *G. de Bamberg.* SICKLER, Jard. Allem., tome 2, pl. 12, fig. 8.

Opération. Couper la tête d'un jeune sujet, amincir la partie qui reste en forme de coin très-prolongé, et réserver les écorces sur les côtés.

Former à la base du rameau à greffer une échancrure triangulaire propre à recevoir le coin du sujet dans toute sa longueur, et unir les deux parties. (Voy. A, 2e. sect., pl. 2.)

Usages. Indiquée pour greffer la vigne, et employée, dans quelques jardins, sur de jeunes sujets, pour la multiplication d'arbres étrangers.

Dénomination. En l'honneur de M. DUMONT-COURSET, auteur du Botaniste cultivateur, ouvrage très-recommandable.

II. Greffe (Hervy) *en tête à un rameau, taillé en coin, par sa base, pour être posé sur le sujet, dans une entaille triangulaire.* Nouv. Cours d'Agr., tome 6, page 511.

Synonymie. G. à incision d'entaille. AGRICOLA, Agric. parf., part. 1re., p. 241, pl. 13, fig. B B, F, G, H, I.

(47)

G. de la vigne dans le Bordelais. Costa, Agr. des pays montueux, édition de 1802, page 147.

Var. a. *G. d'incision générale.* Agricola, Agric. parf., part. 1re., page 240, pl. 13, fig. AA.

Opération. Couper la tête d'un cep de vigne au collet de sa racine ; y pratiquer une entaille triangulaire d'un à deux centimètres de profondeur.

Tailler un sarment par son gros bout en forme de coin, l'ajuster exactement dans l'entaille de la racine, et ne laisser sortir de terre que deux yeux de la greffe. (Voyez, pour l'opération, la greffe Ferrari, 2e. sect., pl. 1.)

Pratiquer la même opération sur de jeunes sujets à différentes hauteurs de leurs tiges.

C'est la contre-partie de la greffe précédente.

Usages. Recommandée spécialement pour greffer la vigne en grand dans les pays de vignoble.

Propre à multiplier de jeunes arbres à bois dur, et dont les greffes reprennent difficilement.

Dénomination. A la mémoire estimable de Christophe Hervy, directeur de la pépinière des Chartreux de Paris, à la fin du siècle dernier. Cultivateur aussi modeste qu'instruit dans la nomenclature, la multiplication et la culture des arbres fruitiers.

III. Greffe (Pline) *en couronne à rameaux insérés entre l'aubier et l'écorce du sujet.* Nouv. Cours d'Agr., tome 6, page 511.

Synonymie. Insitio inter corticam et lignum. Plinii.

G. pour rajeunir de vieux arbres. Deutsches, Gært., Mag., pl. 22, fig. 1, 2 et 3.

Opération. Couper le tronc ou les grosses branches d'un sujet E, 2e. sect, pl. 2, soulever par places l'écorce de dessus l'aubier.

Tailler les greffes en forme de bec de flûte (Voyez e'); pratiquer un cran à la partie supérieure de l'entaille, et les introduire entre l'écorce et le bois du sujet.

Usages. Propre à rajeunir de vieux arbres en remplaçant leurs anciennes branches par de nouvelles branches plus fertiles.

Dénomination. A la mémoire de Pline le naturaliste, qui a décrit cette greffe.

IV. Greffe (Théophraste) *en couronne à rameaux insérés entre l'aubier et l'écorce du sujet, en fendant cette dernière.* Nouv. Cours d'Agr., tome 6, page 512.

Synonymie. G. entre l'écorce. Agricola, Agr. parf., part. 1re., p. 192, pl. 7, fig. C.

G. dans l'écorce, à épaule ou en couronne. FORSY., Traité des arbres fruitiers, page 381, pl. 11, fig. 1, let. *a, b, c.*

Opération. Couper la tête ou les grosses branches d'un sujet ; fendre l'écorce à partir de la circonférence de la coupe, aux endroits où l'on veut placer les greffes.

Tailler de la même manière que les précédens les rameaux destinés à former les greffes, et les insérer sous l'écorce aux places où elle a été fendue. (Voy. fig. F, 2ᵉ. sect., pl. 2.)

Usages. Propre à remplacer avec avantage la précédente, et fournissant un moyen facile de placer sur un sujet un plus grand nombre de greffes.

Dénomination. A la mémoire de THÉOPHRASTE, auteur grec, qui a décrit cette greffe dans son Histoire des plantes, où il indique leurs usages dans la médecine et l'économie rurale.

V. Greffe (Liébault) *en couronne à rameaux insérés sur le collet de la racine de forts sujets.* Nouv. Cours d'Agr., tome 6, page 512.

Synonymie. G. en petite couronne, pour la multiplication des fruitiers. OLIVIER DE SERRES, tome 2, page 369, col. 2, alin. 2.

Opération. Déchausser un arbre, le couper au collet de sa racine ; insérer entre le bois et l'écorce, par le moyen de l'une des deux greffes précédentes, autant de rameaux qu'il pourra y en être contenu ; enterrer ces greffes jusqu'aux deux tiers de leur hauteur.

L'année suivante, laisser croître les greffes, en ne supprimant que les rameaux latéraux. La troisième année, marcotter toutes ces greffes en anse de panier tout autour de la souche.

Usages. Pour obtenir des *mères marcottes* d'arbres utiles ou agréables, qui puissent donner pendant long-temps beaucoup de jeunes individus francs de pied.

Dénomination. A la mémoire de CH. et ÉTIENNE LIÉBAULT, agronomes du sixième siècle, inventeurs de cette greffe et auteurs de la première édition de la *Maison rustique,* ouvrage estimable qui fait connaître l'état de l'agriculture à cette époque.

SÉRIE IIIᵉ. *Greffes en ramilles.*

CARACTÈRE. On distingue aisément les greffes de cette série de toutes les autres, en ce qu'elles se font avec de petites branches garnies de leurs rameaux, de leurs ramilles, souvent de leurs boutons à fleurs, et quelquefois à leurs fruits naissans.

Ces greffes, qui s'effectuent dans le plein de la première sève, ont sur toutes les autres l'avantage d'accélérer beaucoup la fructification. Par leur moyen, il n'est pas rare d'obtenir des fruits d'un arbre quinze à vingt ans plus tôt qu'il n'en eût donné sans leur secours ; on est même parvenu, en semant un pepin à une époque déterminée, à recueillir avant la fin de l'année du fruit mûr sur l'individu auquel il donne naissance.

Les greffes en ramilles sont en général d'une exécution plus difficile, et par conséquent moins sûres que les précédentes ; elles exigent des soins plus assujettissans pour régler la chaleur, la lumière et les arrosemens qui leur conviennent ; peut-être sont-elles moins durables que les autres : aussi on en fait peu d'usage dans la pratique habituelle de la culture.

Il paraît que toutes ces greffes n'ont pas été connues des Anciens, si l'on en juge du moins par le silence que gardent les auteurs de l'antiquité qui nous restent. Elles semblent appartenir aux temps modernes : c'est pourquoi on leur a donné les noms des cultivateurs nos contemporains qui les ont pratiquées avec le plus de succès, ou qui ont rendu des services à l'agriculture.

SORTES.

I. Greffe (Huard) *en ramille posée dans une entaille triangulaire faite aux dépens du tiers du diamètre de la tête du sujet.* Nouv. Cours d'Agr., tome 6, page 512 (exclure la figure qui ne représente pas cette greffe).

Synonymie. G. *pour les orangers.* Miller, Dict. des Jard., tome 3, page 554, col. première, alinéa 2.

G. *d orangers, mode premier.* Annales du Mus., tome 14, page 87 ; pl. IX, fig. 1 et 2.

Opération. Couper la tête à un jeune sujet de huit mois à trois ans ; faire une entaille triangulaire, longue de deux à trois centimètres, sur l'un des côtés de la tige.

Choisir un rameau garni de ramilles, de feuilles, de boutons et de fruits naissans ; le tailler par le gros bout en pointe triangulaire, et lui faire remplir exactement l'entaille du sujet.

Placer celui-ci sur une couche tiède, couverte d'un châssis et ombragée pendant les premiers jours.

Usages. Propre à faire produire des fruits à des sujets dès la première année de leur naissance. (Voyez fig. G, 2e. sect., pl. 2.)

Elle peut être employée pour la multiplication d'arbres des zones chaudes à feuilles permanentes.

Dénomination. En l'honneur de M. HUARD, cultivateur à Pontoise, qui le premier en France, vers 1775, fit voir à la Cour beaucoup d'orangers en miniature chargés de fruits obtenus par ce procédé ingénieux.

II. Greffe (Vilmorin) *en tête à une ramille taillée en double coin par sa base, pour être posée sur le sujet au moyen de deux entailles triangulaires.*

Opération. Former sur la coupe horizontale du sujet deux entailles triangulaires, l'une de chaque côté du centre de la tige ; tailler la greffe en double coin, de manière qu'elle remplisse exactement ces deux entailles, et unir les parties. (Voyez fig. B, 2e. sect., pl. 2.)

Usages. Cette greffe a la même destination que la précédente. Elle est plus difficile, mais aussi plus solide.

Dénomination. En l'honneur de la famille ANDRIEUX VILMORIN, qui a rendu des services à l'agriculture, en répandant dans le commerce beaucoup de plantes utiles, et en faisant connaître leur culture.

III. Greffe (Leclerc) *en tête à une ramille, en conservant une partie de son écorce pour l'insérer sous l'écorce du sujet.*

Opération. Tailler en coin la tige du sujet ; inciser l'écorce de chaque côté. (Voyez fig. C, 2e. sect., pl. 2.)

Former sur la greffe une incision triangulaire propre à recevoir le coin pratiqué sur le sujet C ; laisser deux lames d'écorce (Voy. C'), les faire glisser sur l'aubier de ce même sujet C et sous l'écorce incisée précédemment. Ligaturer solidement.

Usages. Peut-être trouvera-t-on cette greffe plus facile et plus sûre que la précédente. Elle peut être employée avec avantage pour des bois fort durs.

Dénomination. Nom de son inventeur.

IV. Greffe (Salisbury) *en tête à ramille d'un diamètre moins grand que celui du sujet.*

Synonymie. A new method of grafting. *Transactions of the horticultural society of London*, t. 1, p. 240.

Opération. Couper obliquement la tête du sujet; inciser l'écorce, comme on le voit, en *d.* (2e. sect., pl. 2.)

Choisir un jeune sauvageon *d'* d'un diamètre au moins moitié plus petit que celui du sujet; le fendre inférieurement en deux parties égales, dont l'une sera amincie en bec d'oiseau pour être introduite sous l'écorce incisée du sujet *d*, et dont l'autre s'appliquera sur la coupe oblique de ce même sujet. (Voyez fig. D, 2e. sect., pl. 2.)

Usages. Elle est employée dans le Herefordshire pour les pommiers et les poiriers. Elle s'effectue rapidement et sans difficulté.

Dénomination. Du nom de son inventeur, RICHARD-ANTHONY SALISBURY, esq., membre de la Société horticulturale de Londres, et auteur de plusieurs mémoires relatifs au jardinage, qui se trouvent dans cet ouvrage.

V. Greffe (Riedlé) *en ramille posée en coin triangulaire sur le milieu de la tige du sujet.* Nouv. Cours d'Agr., tome 6, page 512.

Synonymie. G. à orangers, mode 2e. Annales du Mus., t. 14, pl. IX, fig. 3.

G. à orangers. Ét. CALY., Traité des Pépin., tome 2, page 96 (exclure la figure qui représente la greffe Hervy).

Opération. Faire une entaille triangulaire sur l'aire de la coupe du sujet, et laisser deux retraites sur les côtés.

Tailler le rameau en coin, en laissant deux rebords à la naissance de la coupe, et unir les parties. (Voyez la greffe Ferrari, fig. F, 2e. sect., pl. 1.)

Usages. Même culture et même destination que la greffe Huard. Elle peut être employée pour des arbres fruitiers.

Dénomination. A la mémoire de RIEDLÉ, cultivateur attaché au Muséum. Il a enrichi cet établissement de beaucoup de végétaux étrangers rapportés des Antilles. Il est mort à l'île de Timor, victime de son zèle, pendant le voyage de découvertes commandé par le capitaine Baudin.

VI. Greffe (Collignon) *en ramille avec languette et coin.* Nouv. Cours d'Agr., tome 6, page 512.

Synonymie. G. à orangers, mode 3e. Annales du Mus., tome 14, page 96, pl. X, fig. 4, vulgairement G. à talon ou pied de biche.

Opération. Tailler en languette très-prolongée l'extrémité d'un rameau, et former une dent en forme de coin au commencement de l'entaille ; faire une hoche sur le bord de l'aire de la coupe du sujet; enlever une lanière d'écorce de dimension égale à la languette du sujet, et unir les parties. (Voyez, pour l'opération, la greffe Miller, fig. H, 1re. sect., pl. 1.)

Usages. Cette greffe est employée, comme les deux précédentes, mais sur de plus petits sujets. On s'en sert particulièrement pour multiplier les houx, les lauriers, les myrtes, etc.

Dénomination. A la mémoire de COLLIGNON, élève jardinier du Muséum, chargé de répandre dans les îles de la mer du Sud des graines de végétaux utiles à leurs habitans, pendant le voyage de l'infortuné La Péyrouse, dont il partagea le malheureux sort.

VII. Greffe (Riché) *en ramille avec languette, coin et entaille.* Nouv. Cours d'Agr., tome 6, page 512.

Synonymie. G. *à orangers, mode* 4e. Annales du Mus., t. 14, p. 98, pl. X, fig. 5. G. *vulgairement dite à la Daphné.*

Opération. Celle-ci ne se distingue de la précédente qu'en ce que l'extrémité supérieure de la coupe du rameau est reçue dans une entaille qui a été pratiquée sur le sujet à la partie supérieure de sa plaie longitudinale.

Usages. Elle est plus particulièrement employée pour les rameaux minces, fluets, herbacés, tels que les *daphne pontica, odora, tartonraira, gnidium, cneorum*, etc.

Si l'on greffe des rameaux florifères, ils produisent leurs fleurs aussi promptement que s'ils n'avaient pas changé de place.

Dénomination. En l'honneur de M. RICHÉ, attaché à la culture de la serre Buffon, au Muséum. Ce cultivateur qui se distingue par son zèle et son intelligence pour la multiplication des végétaux étrangers, est l'inventeur de cette greffe.

VIII. Greffe (Varin) *en ramille posée entre l'aubier et l'écorce, au moyen d'une incision, comme pour une greffe en couronne.* Nouv. Cours. d'Agr., tome 6, page 512.

Vulgairement, G. *à la Varin.*

Opération. Former une hoche triangulaire sur la coupe horizontale du sujet dont on fend l'écorce sur l'un des côtés ; tailler le rameau de la greffe en bec de flûte avec une entaille à la naissance de la partie supérieure, et l'insérer dans la fente du sujet. (Voyez fig. 1, 2e. sect., pl. 2.)

Usages. Propre à la multiplication de végétaux étrangers dont les yeux ne sont pas recouverts d'écailles, et à celle d'autres arbres à bois dur.

Dénomination. A la mémoire de feu M. VARIN, jardinier en chef du jardin de l'Académie de Rouen, et cultivateur distingué, qui inventa cette greffe en 1786.

SERIE IVᵉ. *Greffes de côté.*

CARACTÈRES. Ce qui distingue particulièrement les greffes de cette série des précédentes, c'est que pour les placer sur les sujets il n'est pas nécessaire de couper la tête de ces derniers, puisqu'elles s'effectuent sur les côtés de leur tige.

L'usage le plus fréquent des greffes de côté est moins de multiplier ou de transformer des individus, que de remplacer des branches qui manquent sur des arbres faits et soumis à des tailles régulières.

Elles s'exécutent assez facilement et exigent les mêmes appareils que les autres; mais elles sont en général d'un succès moins assuré. On les pratique presque uniquement à l'époque de la première sève, avant le développement des gemma.

A l'exception d'une seule, qui était en usage dans l'antiquité, toutes sont d'invention moderne.

Nous leur avons donné les noms de leurs inventeurs, et lorsque ceux-ci nous ont été inconnus, les noms de cultivateurs distingués.

SORTES.

I. Greffe (Richard) *de côté, insérée sur la tige d'un arbre, dans une incision en T pratiquée dans son écorce.* Nouv. Cours d'Agr., tome 6, page 512, pl. 4, fig. 13, 14 et 15 de la var. *a.*

Synonymie. G. *en couronne*, 3ᵉ. *sorte.* DUHAM., Phys. des Arb., tome 2, page 70, alinéa 3, pl. XII, fig. 99 et 99*.

Var. a. *G. du pasteur Christ.* Manuel de la Cult. des fruits, t. 1, chap. 4, p. 127.

    G. entre l'écorce et le bois, 3e. sorte. SICKLER, Jard. allem., t. 3, p. 32, pl. 4, fig. 6, 7, 8, 9 et 10.

Opération. Couper en biseau prolongé la base du rameau, de la ramille ou du bourgeon destiné à former la greffe.

    Faire à l'écorce du sujet une incision en forme de T, et introduire la greffe. (Voyez fig. K , 2e. sect., pl. 2.)

    Une variété de cette greffe s'opère en enlevant au sujet une petite portion circulaire d'écorce au-dessus de la barre du T.

Usages. Propre à remplacer des branches qui manquent, sur des arbres dont l'écorce trop boiseuse ne permet pas de greffer en écusson.

    On peut s'en servir aussi pour les arbres résineux.

Dénomination. A la mémoire honorable de CLAUDE RICHARD, jardinier en chef et fondateur du jardin de botanique de Trianon. Il était un des plus habiles cultivateurs du dix-huitième siècle.

II. Greffe (Térence) *de côté, placée en manière de cheville dans la tige du sujet.* Nouv. Cours d'Agr., t. 6, p. 512.

Synonymie. G. *de l'olivier.* COLUM., liv. 5, page 276, lig. 18.

    Var. a. *G. à rebours.* AGRICOLA, Agr., parf., part. 1re., p. 175, alin. 2, pl. VIII , fig. 5, 6 et 7.

Opération. Amincir en manière de cheville l'extrémité inférieure d'une petite branche, d'un rameau ou d'une ramille, et trancher sa cime. (Voyez fig. L, 2e. sect., pl. 2.)

    Faire un trou avec un vilebrequin dans une tige d'arbre et y placer la greffe, les yeux dans leur position naturelle pour la sorte, et en sens contraire pour une variété très-peu employée.

Usages. Propre au même usage, et plus solide que la précédente. Les anciens Romains l'employaient pour greffer les bonnes espèces d'olivier et de vigne.

Dénomination. A la mémoire de TÉRENCE, agronome de l'antiquité, qui en recommande l'usage.

III. Greffe (Roger Schabol) *de côté, à scion aminci en forme de spatule et inséré dans la tige du sujet.* Nouv. Cours d'Agr., t. 6, p. 512.

Synonymie. G. *anonyme.* ROGER SCHABOL, Prat. du Jard., édit. 1782, tome 1, page 78.

Opération. Amincir en manière de bec de flûte l'extrémité d'un rameau (M, 2ᵉ. sect. , pl. 2); faire une entaille dans la tige d'un sujet, et y placer la greffe comme un tenon dans sa mortaise.

Usages. Propre à remplacer des branches sur de vieux arbres, mais d'une pratique difficile et peu sûre.

Dénomination. A la mémoire de ROGER SCHABOL, qui est l'inventeur de cette greffe, et l'auteur d'ouvrages estimables sur la théorie et la pratique de la culture des jardins.

IV. Greffe (Grew) *de côté, au moyen d'un plançon enterré par sa base et inséré dans la tige d'un arbre par son autre extrémité.* Nouv. Cours d'Agr., tome 6, page 512.

Synonymie. G. sans nom. DUHAM., Phys. des Arb., t. 2, p. 79, alin. 2, lig. 7, pl. XII, fig. 113, *laquelle est commune avec la greffe Monceau.*

Opération. Choisir une branche N (2ᵉ. sect., pl. 2), d'un à deux mètres de long ; la tailler en pointe triangulaire par son gros bout, et la couper en bec de flûte par son autre extrémité; enfoncer cette branche en terre par sa pointe triangulaire au pied d'un gros arbre.

Faire à l'écorce de celui-ci une entaille en forme de L, qui puisse recevoir la tête du plançon. On opère aussi cette greffe en formant sur l'arbre et le rameau des entailles semblables à celles que l'on a pratiquées pour la greffe Roger Schabol.

Usages. Pour multiplier des arbres qui n'ont pas de congénères sur lesquels on puisse les greffer, et pour donner une nouvelle démonstration sur la descente de la sève dans les racines.

En effet, par cette greffe, de même que par la suivante, on parvient à faire pousser des racines aux rameaux greffés. (Voyez fig. N et O , 2ᵉ. sect. , pl. 2.)

Dénomination. A la mémoire honorable de GREW, auteur anglais, qui a laissé de bons ouvrages sur la physique végétale, laquelle est une des bases les plus solides de la science agricole.

V. Greffe (Pepin) *de côté, au moyen d'un rameau planté en terre par sa base, et inséré dans la tige d'un arbre vers son autre extrémité.* Nouv. Cours d'Agr., tome 6, page 512.

Synonymie. G. par approche de bouture. DUHAM., Traité des Arb. fruit., t. 1, p. 64, alin. 4, pl. II, fig. 10, lettre *y* de l'édit. in-8°.

Opération. Planter une bouture au pied d'un sauvageon, la greffer par approche aux trois quarts de sa hauteur sur le sujet, et la rogner à trois yeux au-dessus de son union.

En remplaçant l'arbre N par un sauvageon, la greffe O peut donner l'idée de la greffe Pepin.

Usages. Propre à fournir d'une seule opération un individu franc de pied, et un autre de même espèce greffé sur sauvageon.

Dénomination. A la mémoire de Pepin, cultivateur d'arbres fruitiers à Montreuil près Paris, et l'un des hommes qui ont le plus contribué au perfectionnement de la taille des arbres en espalier.

VI. Greffe (Girardin) *de côté, au moyen de rameaux portant des boutons à fleurs tout formés.* Nouv. Cours d'Agr., t. 6, p. 512.

Opération. Choisir de jeunes branches à fruits *p'* (2ᵉ. sect., pl. 2) les séparer des arbres sur lesquels elles se trouvent, et les placer en des incisions pratiquées en forme de T sur des sauvageons. (Voyez P.)

Usages. Pour contraindre de très-jeunes arbres à donner des fruits, et pour les rendre propres à fructifier pendant long-temps.

Dénomination. A la mémoire de la famille Girardin, qui l'une des premières s'est occupée de la culture des arbres fruitiers à Montreuil près Paris, et a posé les bases de la taille qu'on y pratique depuis avec tant de succès.

Serie. Vᵉ. *Greffes par racines et sur racines.*

Caractères et usages. Le caractère des greffes de cette série est facile à saisir : ou ce sont des rameaux greffés sur des racines laissées à leur place, ou ce sont des racines séparées de leurs souches, et greffées sur des tiges ou des branches, ou enfin ce sont des racines d'arbres différens greffées entre elles. C'est l'union des parties aériennes et des parties souterraines des végétaux.

Elles ont pour but de former des êtres complets, en fournissant à des parties isolées les principaux organes qui leur manquent, c'est-à-dire, aux unes des bourgeons, et aux autres des racines.

Ces greffes, d'un usage assez rare dans la culture habituelle, pourraient y être employées plus fréquemment pour la multiplication de plusieurs espèces de végétaux. Elles présentent d'ailleurs des faits intéressans qui peuvent servir à éclairer la physique végétale.

D'un autre côté, comme elles donnent les moyens de composer des êtres de parties rapportées, et pour ainsi dire de pièces et de morceaux, comme, par exemple, des racines d'une espèce, de la tige d'une autre et des branches d'une troisième, cela suffit bien pour exciter la curiosité des amateurs de culture.

Ces greffes s'effectuent plus sûrement pendant les premiers mouvemens de la sève printanière qu'en toute autre saison. On les opère comme les greffes en fente. Les appareils qu'elles exigent sont les mêmes.

Il ne paraît pas qu'elles aient été connues dans l'antiquité. L'auteur qui en a parlé le premier est Agricola, qui vivait au commencement du siècle dernier.

SORTES.

I. Greffe (Hall) *de rameau placé sur le petit bout d'une racine tenant à son arbre.* Nouv. Cours d'Agr., tome 6, page 512.

Synonymie. G. sur racine. AGRICOLA, Agric. parf., part. 1re., p. 244, part. 2, pages 17, 19, 23, 29 et 98.

G. sur racines. CAB., Princ. de la Gr., p. 50, pl. 1, fig. 10. (Il faut en exclure le discours qui a rapport à la greffe Saussure.)

Opération. Relever de terre une racine par son petit bout, la fendre par son diamètre.

Couper sur le même arbre, ou sur un arbre d'une autre espèce, de jeunes rameaux de l'avant-dernière sève (Voyez A', 3e. sect., pl. 1) les tailler, par leur extrémité inférieure , en lame de couteau; les insérer dans les fentes de la racine et recouvrir celle-ci de terre. (Voyez fig. **A.**)

Usages. Propre à la multiplication d'arbres rares qui n'ont point d'analogues , et qui se refusent aux autres moyens de multiplication.

Dénomination. A la mémoire de HALL, physicien anglais, qui a publié, dans le milieu du siècle dernier, plusieurs ouvrages utiles aux progrès de l'agriculture.

II. Greffe (Saussure) *de rameaux posés sur le gros bout de racines séparées de leurs arbres et laissées en place.* Nouv. Cours d'Agr., tome 6, page 512.

Synonymie. G. en fente, en couronne, sur racines. DUHAM., Phys. des Arb., tome 2, page 85, lig. 8.

Opération. Couper des racines près leur souche; les relever un centimètre au-dessus de terre , et les fendre par leur diamètre en deux ou quatre parties.
Tailler les greffes par leur base en lame de couteau , les insérer dans les fentes des racines, et les luter.
On opère aussi cette greffe en taillant la tige en coin, et en faisant sur la racine une entaille triangulaire. (Fig. **B**, 3e. sect., pl. 1.)

Usages. Propre aux mêmes usages que la précédente , mais plus sûre et plus expé-ditive pour la multiplication.
Utile pour démontrer l'influence du développement des gemma sur l'ascension de la sève des racines dans les bourgeons.

Dénomination. A la mémoire honorable d'un savant très-distingué, citoyen de Genève , mort à la fin du siècle dernier , et qui a publié un grand nombre d'ouvrages utiles aux progrès des sciences et de l'économie rurale.

III. Greffe (Guettard) *de rameaux sur le collet de la racine d'arbres laissés en place.* Nouv. Cours d'Agr., tome 6, page 512.

Synonymie. G. sur racines d'arbres congénères et disgénères. AGRICOLA, Agr. parf., part. 1re., pages 249, 251, 252, pl. XVI, fig. 1, 2, 3, 4 et 5.

Opération. Couper au collet de leurs racines des tiges d'arbres; les fendre en deux ou en un plus grand nombre de parties, ou se contenter de faire des incisions à l'écorce comme pour les greffes en couronne.
Tailler en lame de couteau ou en biseau les rameaux à greffer, les insérer dans les entailles pratiquées sur les sujets et les luter.

Usages. Pour utiliser des sujets dont les tiges ne sont pas susceptibles de recevoir des greffes, et pour se procurer des arbres d'une belle venue.

Dénomination. A la mémoire honorable de GUETTARD, médecin-naturaliste distingué. Les sciences lui sont redevables de divers ouvrages utiles aux progrès de la physique végétale.

IV. Greffe (Cels) *de rameaux sur des racines séparées de leurs arbres et transplantées ailleurs.* Nouv. Cours d'Agr., t. 6, p. 512, pl. 4, fig. 16.

Synonymie. G. sur racines séparées. AGRICOLA, Agric., parf., part. 1re., p. 260, alin. 5, pl. 16, fig. VI; et part. 2e., page 50, pl. XX, fig. G, H, I et K.

Opération. Arracher des racines, les séparer de leurs souches, les enter par le procédé de la greffe Miller, et les planter ensuite en les enterrant jusqu'à l'avant-dernier œil du rameau de la greffe.

Usages. Moyen facile pour multiplier des arbres qui n'ont pas de congénères, pour propager plus sûrement et plus abondamment les autres, et fournir une nouvelle preuve de la propriété qu'ont les bourgeons d'activer la sève montante.

Dénomination. A la mémoire de JACQUES-MARTIN CELS, cultivateur distingué par ses connaissances aussi étendues en botanique que profondes dans la théorie et la culture des végétaux étrangers.

V. Greffe (Bourgdorff) *de racines d'arbres sous le collet des racines d'autres arbres.* Nouv. Cours d'Agr., tome 6, page 512.

Opération. Déchausser un arbre au-dessous du collet de sa racine (Voyez C, 3e. sect., pl. 1). Entailler cette racine à une place saine, jusque vers le milieu de son diamètre.

Choisir sur un arbre congénère une racine garnie de son chevelu; la séparer, la tailler par son gros bout de manière à remplir l'entaille faite au sujet, et l'y ajuster exactement. (Voyez c'.)

Usages. Pour remplacer les racines d'un arbre renversé par le vent, ou celles qui auraient été mangées par les vers blancs, et pour accélérer la végétation d'un individu précieux.

Dénomination. En l'honneur de M. F.-A.-L. de BOURGDORFF, conseiller des forêts du roi de Prusse, savant très-distingué dans l'administration et la culture des forêts.

(60)

VI. Greffe (Chomel) *en fente d'une racine sur celle d'un autre arbre tenant à sa souche.* Nouv. Cours d'Agr., tome 6, page 512.

Synonymie. G. *de racines sur une autre.* DUHAM., Phys. des Arb., tome 2, page 85, ligne 4.

Opération. Lever de terre par son extrémité la racine d'un arbre, la couper transversalement à une place où elle ait la grosseur d'une plume, et la fendre par son diamètre.

Prendre sur un sauvageon une racine, la tailler en coin par son gros bout, et l'insérer dans la fente del a racine du sujet. (Voyez, pour l'opération, la greffe Dumont, fig. A, 2e. sect., pl. 2.)

Usages. Même usage que la précédente, mais pour de plus jeunes individus d'arbres étrangers et rares.

Dénomination.. A la mémoire du vénérable NOEL CHOMEL, auteur du *Dictionnaire d'Économie rurale et domestique,* qu'il a publié en 1709, âgé de 76 ans, après avoir travaillé la plus grande partie de sa vie à composer cet ouvrage utile.

VII. Greffe (Palissy) *de racines sur des branches tenant à leurs arbres.* Nouv. Cours d'Agr., tome 6, page 512.

Synonymie. G. *de racines sur la tige et les branches.* AGRICOLA, Agric., parf., part. 1re, pages 217 et 219, alin. 3 ; plus, pag. 239, pl. XII, fig. 1, lettre *a* jusqu'à *o.*

Opération. Couper des racines du troisième et du quatrième ordre sur un individu; les amincir en languette par le gros bout, et les planter dans un vase avec de la terre riche en humus. (Voyez D', 3e. sect., pl. 1.)

Faire des incisions en coulisse à l'écorce des rameaux dont on veut obtenir des arbres complets, y insérer les racines par le bout opéré, et entretenir la terre des vases dans lesquels elles sont plantées, légèrement humide.

Usages. Plus curieuse qu'utile à la multiplication en grand. Elle peut servir à propager des espèces rares qui reprennent difficilement par la voie des marcottes et des boutures.

Dénomination. A la mémoire respectable de BERNARD DE PALISSY, philosophe pratique, qui le premier en France a donné un Cours public d'histoire naturelle, dans lequel il traitait de différentes branches de l'agriculture.

(61)

VIII. Greffe (Muzat) *de racine sur une bouture qui elle-même porte
une greffe en fente.* Nouv. Cours d'Agr., tome 6 , page 512.

Synonymie. Bouture greffée par les deux bouts. CABAN., Princ. de la Greffe,
page 105, alinéa 2.

Vulgairement, *G. de trois pièces.*

Opération. 1°. Choisir une racine bien vive, d'une longue existence ; la tailler en
coin par son gros bout. (Voyez 1, fig. E , 3e. sect., pl. 1.)

2°. Prendre sur une espèce congénère un rameau ; l'échancrer triangulairement par sa base, de manière à y insérer le coin de la racine, et le fendre à son
autre extrémité par son diamètre. (Voyez 2.)

3°. Faire choix d'une ramille sur un arbre d'une même famille ; l'amincir en
biseau très-prolongé par sa base, et l'ajuster exactement dans la fente du rameau.
(Voyez 3.)

4°. Enfin, planter le nouvel être dans un vase, et favoriser sa croissance par
une douce chaleur souterraine ; en le défendant du hâle et de la trop vive
lumière.

Usages. Peu utile à la multiplication des végétaux, mais très-curieuse sous le
rapport de la physique végétale.

Dénomination. En l'honneur de M. MUZAT, son inventeur, élève de Cabanis ;
il s'est utilement occupé de la culture des arbres fruitiers et de leur multiplication.

Nota. Les greffes de cette série sont figurées sur la planche première de la 3e. section, parce qu'elles n'ont pu trouver place sur la dernière planche des greffes de la
seconde section.

SECTION III.ᵉ

Greffes par gemma.

Cᴀʀᴀᴄᴛᴇ̀ʀᴇs. OEil, bouton ou gemma porté sur une plaque d'écorce plus ou moins grande, et de différentes formes, transporté d'une placé à une autre sur le même ou sur un autre individu.

Cᴏᴍᴘᴏsɪᴛɪᴏɴ. Dans cette section sont comprises les greffes en écusson, celles en flûte, en sifflet, en chamuleau, en tuyau, en fluteau, en cornuchet, en anneau, et par juxtaposition.

Usᴀɢᴇs. Elles ont pour objet de multiplier des végétaux ligneux que l'on n'est pas certain de pouvoir propager avec leurs qualités par le moyen des semences ; de transformer en espèces rares ou plus agréables et plus utiles des espèces communes et de peu d'intérêt ; d'avancer de plusieurs années les jouissances des cultivateurs ; de naturaliser plus sûrement que par tout autre moyen des végétaux étrangers, et de rendre plus exquise la saveur des fruits de beaucoup de variétés d'arbres domestiques.

Les greffes de cette section sont les plus employées pour la multiplication en grand des arbres fruitiers. Ce sont presque les seules dont on fasse usage dans les grandes pépinières des environs de Paris, parce qu'elles sont les plus expéditives, et qu'elles exigent rarement la mutilation des sujets.

Rapports et différences. Les greffes de cette section pourraient être comparées aux semis, puisqu'il suffit de placer un corculum, un germe de bourgeon, dans la situation qui lui convient, et avec les précautions requises pour propager les individus.

Mais il y a cependant entre ces greffes et les semis cette différence, que les gemma ne font qu'augmenter le nombre des individus de leurs variétés, tandis que les graines, fécondées souvent par le pollen des étamines de leurs congénères, donnent fréquemment naissance à de nouvelles variétés, à des sous-variétés et à des races différentes.

Division. Cette section se divise en deux séries.

La première comprend toutes les greffes en écusson qui s'effectuent au moyen d'un gemma isolé ou de plusieurs gemma réunis en un seul bouton.

La seconde rassemble toutes les greffes en flûte et par juxtaposition, dans lesquelles, sur un même tube d'écorce, peuvent se trouver réunis plusieurs gemma écartés les uns des autres.

Série Ire. *Greffes en écusson.*

Définition. On donne le nom d'écusson à une plaque d'écorce sur laquelle se trouve un œil ou gemma. Ce nom lui vient de sa figure, qui a quelque ressemblance avec cette pièce d'armoirie.

Emploi. Ces greffes sont employées particulièrement sur de jeunes plants de sauvageons âgés d'un à cinq ans, et même plus, lorsqu'ils ont l'écorce mince, saine, tendre et lisse.

Époques de la confection. Les époques auxquelles on les pratique le plus ordinairement sont le printemps, lors de l'ascension de la première sève, et surtout le mois d'août, pendant l'ascension de la seconde sève. On choisit sur les arbres qu'on veut multiplier par cette série de greffes, des rameaux de la dernière pousse, munis d'yeux bien formés ; s'ils ne l'étaient pas, on pincerait l'extrémité des rameaux pour arrêter la sève, et la forcer de se porter vers les yeux, et l'on différerait de les couper jusqu'à ce qu'ils fussent bien conformés et que le rameau fût aoûté complétement.

Préparation. Dès que les rameaux à greffer sont séparés de leurs arbres, on en supprime les feuilles, en ne réservant que quelques centimètres de leurs pétioles. Cette petite queue, qui reste attachée au-dessous de chaque œil, sert à le tenir entre les doigts, et à le placer commodément dans l'incision, lorsqu'il s'agit de poser les écussons. Les rameaux ainsi dépouillés de leurs feuilles sont enveloppés d'herbes fraîches et d'un linge mouillé, si les greffes ne doivent être posées qu'un jour ou deux après que les rameaux ont été coupés. S'il est question de les faire voyager pendant quatre ou cinq jours, on les implante dans un concombre ou autre fruit aqueux. Pour les transporter à des distances plus éloignés, on les met dans un bain de miel.

Lorsqu'on a beaucoup d'écussons à faire dans le cours de la même journée, on place tous les rameaux qui les portent dans un vase rempli d'eau, tenu constamment à l'ombre, et duquel on ne les retire que les uns après les autres, lorsqu'on a enlevé tous les yeux que chacun d'eux peut fournir.

Opération. L'incision destinée à les recevoir est de différentes formes. Tantôt c'est une plaque d'écorce que l'on enlève pour faire place à une autre ; tantôt c'est cette même écorce que l'on fend, depuis l'épiderme jusqu'à l'aubier, en forme de T. Dans ce dernier cas, on écarte par le haut avec la spatule du greffoir les deux lèvres de l'écorce incisée pour recevoir l'écusson.

Celui-ci est levé avec la précaution nécessaire pour conserver l'œil intact, et est inséré dans l'incision. Les lèvres de l'écorce du sujet sont rapprochées par-dessus, de manière que les parties ne laissent aucun vide entre elles. On ligature ensuite la plaie pour empêcher qu'il ne s'y introduise des corps étrangers, et l'opération est terminée.

Conservation. Quelques semaines après, si l'on s'aperçoit que les ligatures donnent lieu à la formation de bourrelets ou d'étranglemens, il convient de les desserrer. Ces greffes s'unissent aux sujets dans l'espace de quelques jours ; et en raison de la saison, du but que l'on se propose et des diverses sortes, on les gouverne avec les modifications que chacune d'elles exige.

SORTES.

I. Greffe (Tillet) *d'une plaque d'écorce sans yeux.* Nouv. Cours d'Agr., tome 6, page 524.

Synonymie. G, d'écorce d'un sujet sur un autre. Duham., Phys. des Arb., t. 2, p. 72, alin. 4.

Opération. Tailler, sur un arbre inutile, une plaque d'écorce F' (3e sect., pl. 1) de dimension égale à celle d'un individu précieux, dont l'écorce de la tige a été enlevée par quelque accident.

Donner une forme régulière à la plaie de l'arbre utile F, et couvrir exactement cette plaie par l'écorce prise sur le sauvageon.

Usages. Propre à prévenir les accidens occasionnés par les lésions faites acciden‑
tellement à l'écorce, et pour faire porter aux arbres des signes qui rappellent
des souvenirs agréables ou chronologiques.

Dénomination. A la mémoire de TILLET, physicien, qui s'est occupé long-temps
des maladies des végétaux et des moyens de les guérir.

II. Greffe (Xénophon) *d'une plaque d'écorce ovale, munie d'un œil.*

Synonymie. G. *d'un morceau d'écorce pourvu d'un œil, dans une excavation de
même largeur*. Nouv. Cours d'Agr., t. 6, p. 524, n°. 2.

G. *par inoculation, ou ente en pièce rapportée*. OLIV. DE SERRES, tome 2,
page 370, col. 1re., alinéa 1er.

Opération. Cerner avec la pointe du greffoir un œil ou bouton dans toute sa cir‑
conférence, et le lever de sa place en conservant son corculum. (Voyez н',
3e. sect., pl. 1.)

Faire à la place où l'on veut poser l'œil enlevé une pareille plaie H, et la cou‑
vrir exactement par ce dernier.

Usages. Pour transporter des boutons à fleurs d'une place où ils sont très-abon‑
dans, sur un arbre et à une place qui en sont dépourvus.

Pour multiplier des arbres très-rares, sur lesquels on ne pourrait lever des
écussons sans compromettre leur existence.

Dénomination. A la mémoire de XÉNOPHON, citoyen d'Athènes, qui a composé
sur les labours et sur différentes branches de l'économie rurale et domestique
des ouvrages dans l'un desquels il parle de cette greffe.

III. Greffe (Risso) *de deux demi-plaques d'écorce portant chacune un demi-bourgeon.*

Opération. Enlever au sujet une plaque d'écorce carrée.

Enlever sur deux arbres différens deux plaques d'écorce munies chacune de la
moitié d'un bourgeon (Voyez fig. J, 3e. sect., pl. 2), et qui, réunies l'une à
côté de l'autre, puissent couvrir exactement la plaie du sujet. Faire en sorte que
chaque demi-bourgeon s'unisse à l'autre de manière à n'en former qu'un.

Usages. Pour savoir si les deux demi-bourgeons, ainsi réunis, ne produiraient
qu'un seul rameau. L'expérience a démontré qu'ils en produisaient chacun un.

Dénomination. En l'honneur de M. A. Risso, naturaliste, l'un des auteurs de
l'*Histoire naturelle des Orangers*, ouvrage très-recommandable.

IV. Greffe (Juge Saint-Martin) *d'une plaque d'écorce qui ne recouvre qu'une partie de la plaie du sujet.*

Opération. Sur une plaie quadrangulaire pratiquée sur le sujet, poser une plaque de même forme ou de forme différente, de manière qu'entre cette plaque et l'écorce du sujet il y ait de tous côtés un espace où l'aubier paraisse à nu. (Voyez fig. I, 3e. sect., pl. 2.)

Usages. Cette greffe avait pour but de prouver que la coïncidence des écorces était inutile ; mais il est certain que toutes les fois que l'opération réussit, c'est qu'il se forme un bourrelet, qui réunit, au moins sur quelques points, l'écorce du sujet et celle de la greffe.

Dénomination. En l'honneur de M. JUGE SAINT-MARTIN, inventeur de cette greffe, et auteur de plusieurs ouvrages estimés sur l'économie rurale et le jardinage.

V. Greffe (Mustel) *en écusson, au moyen d'une plaque d'écorce de figure ronde, ovale ou anguleuse, au milieu de laquelle se trouve un œil à bois.* Nouv. Cours d'Agr., t. 6, p. 524, pl. IV, fig. 21.

Synonymie. G. *à emporte-pièce.* DUHAM., Traité des Arb. fruit., t. 1, p. 67, pl. 1re., fig. 4, let. *i* et *t.*

Opération. Enlever avec un ciseau ou un emporte-pièce une plaque d'écorce sur un vieux sujet ; se servir du même outil ou du greffoir pour lever le gemma à greffer (Voyez fig. G, 3e. sect., pl. 2.) ; le poser dans l'entaille pratiquée sur le sujet, et fermer les bords de la plaie avec de la cire molle.

Usages. Pour placer des écussons sur de vieilles tiges ou branches dont l'écorce, gercée, ligneuse et épaisse, ne permet pas l'emploi de la pratique ordinaire.

Dénomination. A la mémoire de feu M. MUSTEL, propriétaire, cultivateur d'arbres étrangers à Rouen, et auteur du *Traité théorique et pratique de la Végétation,* publié en 1781. Cet ouvrage renferme d'utiles observations.

VI. Greffe (Poederlé) *en écusson dénué de bois.* Nouv. Cours d'Agr., tome 6, page 524, n°. 3.

Synonymie. G. *en écusson à œil sans bois.* DUHAM., Phys. des Arb., tome 2, page 73, alinéa 4, pl. 12, fig. 107.

Opération. Lever sur un rameau un écusson à la manière ordinaire ; couper ensuite

9*

avec le greffoir tout le bois qui se trouve sous l'écorce, et ne laisser que le corculum du gemma (Voyez ɪ′, 3e. sect., pl. ɪre.)

Le poser ensuite dans l'incision faite sur le sujet I.

Usages. Propre à greffer les arbres étrangers, et particulièrement ceux à bois dur, tels que les orangers, les myrtes, les houx, etc.

Dénomination. En l'honneur de M. Poederlé l'aîné, auteur du *Manuel de l'Herboriste et du Forestier belgiques*, ouvrage estimable.

VII. Greffe (Lenormand) *en écusson, sous l'œil duquel se trouve une légère couche d'aubier.* Nouv. Cours d'Agr., t. 6, p. 524.

Synonymie. G. *en écusson boisé.* Oliv. de Serres, t. 2, p. 364, col. 2, lig. 7. G. *en écusson,* ɪre. *sorte.* Cab., Traité de la Greffe, page 30.

Opération. Laisser sous le milieu de l'écusson une légère lame d'aubier, dans le tiers de son étendue. (Voyez J, 3e. sect., pl. ɪre.)

Le poser ensuite entre l'écorce et l'aubier du sujet I.

Usages. Les arbres fruitiers à noyaux et à pepins s'écussonnent de cette manière dans les grandes pépinières de Paris et des environs.

Dénomination. A la mémoire de l'estimable famille Lenormand, qui a dirigé avec distinction la culture du jardin potager de Versailles, depuis La Quintinie jusqu'à la fin du règne de Louis XV.

VIII. Greffe (d'Ourche) *en écusson carré, avec aubier et bois.*

Opération. Enlever au sujet K (3e. sect., pl. ɪre.) un demi-cylindre de bois, en formant deux hoches, l'une à la partie supérieure, l'autre à la partie inférieure de la plaie.

Enlever à l'arbre que l'on veut multiplier un demi-cylindre de même dimension (Voyez κ′) que celui que l'on a ôté à l'autre arbre, et tailler les deux extrémités en biseau, de manière qu'il puisse remplir exactement la plaie du sujet.

Elle n'a point encore été pratiquée au Muséum.

Dénomination. Du nom de M. le comte d'Ourche, inventeur de cette greffe, et auteur de plusieurs ouvrages sur les irrigations et sur des cultures agrestes.

IX. Greffe (Colombé) *en écusson, au moyen d'un œil placé sur un arbre à l'endroit où l'on a enlevé un autre œil.*

Synonymie. G. *selon Virgile,* du baron Tschoudy.

Opération. Enlever au sujet un bourgeon par une incision triangulaire (Voyez I,

1ʳᵉ. sect, pl. 9); tailler sur l'arbre que l'on veut propager un autre bourgeon 1′ en coin, et l'insérer dans l'ouverture pratiquée sur le sujet.

Quand le bois du scion est plus petit que celui de la tige qu'on veut greffer, on opère comme on le voit au point 1″.

Usages. Recommandée pour les hêtres, les charmes, les peupliers, les érables.

Dénomination. Du nom de la propriété dans laquelle M. Tschoudy pratique annuellement cette greffe avec succès.

X. Greffe (Sickler) *en écusson sur les racines et à œil poussant.* Nouv. Cours d'Agr., tome 6, page 524.

Synonymie. G. *en écusson sur racines à la pousse.* Cab., Essai sur la greffe, page 51, alinéa premier.

Opération. Découvrir des racines traçantes, de la grosseur du doigt environ;

Les greffer en écusson au printemps, et laisser la place des yeux découverte.

L'année suivante, lorsque les greffes ont poussé, séparer les racines de leurs souches : elles forment de nouveaux individus. (Voyez L, 3ᵉ. sect., pl. 1.)

Usages. Propre à multiplier des arbres rares qui n'ont pas de congénères sur lesquels on puisse les greffer avec sûreté pour la réussite.

Dénomination. En l'honneur de M. Sickler, auteur du *Journal des Jardiniers allemands*, ouvrage en 22 vol. in-8°,, qui renferme beaucoup de faits utiles aux progrès du jardinage et de l'économie rurale.

XI. Greffe (Jouette) *en écusson, avec suppression de la tête du sujet, pour faire pousser sur-le-champ le gemma.* Nouv. Cours d'Agr., t. 6, p. 524.

Synonymie. G. *en écusson à œil poussant.* Duham., Phys. des Arb., t. 2, p. 72.

G. *en écusson à la pousse.* Cab., Essai sur la greffe, page 35.

Opération. Tailler et poser un écusson à la manière ordinaire ;

Couper la tête du sujet immédiatement après que la greffe a été placée, et supprimer tous les bourgeons qui pourraient croître sur la tige.

Usages. Propre, lorsqu'elle est exécutée au printemps, à hâter la jouissance d'une année ;

D'un succès peu certain dans les climats froids, lorsqu'elle est exécutée à la sève d'août.

Dénomination. A la mémoire de Germain Jouette, pépiniériste à Vitry-sur-Seine, où il s'est occupé, l'un des premiers, de la culture des arbres étrangers, qui s'y trouvent actuellement très-multipliés.

XII. Greffe (Vitry) *en écusson, pratiquée avec un gemma, qui ne doit développer son bourgeon qu'au printemps suivant.* Nouveau Cours d'Agr. , t. 6 , p. 524 , pl. IV, fig. 18 , 19 et 20.

Synonymie. G. en écusson à œil dormant. Duham. , Phys. des Arb. , t. 2, p. 73 et 75 , pl. XII, fig. 105, 106 et 107.

Opération. Placer l'écusson à la manière ordinaire, mais à l'époque de la sève d'août ; ·

Laisser au sujet sa tête le resté de l'année, et ne la supprimer qu'au printemps suivant, si la greffe est vivante.

Usages. Elle retarde la jouissance , mais l'assure davantage.

Elle laisse subsister en entier les sujets dont la greffe n'a pas repris , et ne les empêche pas d'être greffés la saison suivante.

Dénomination. Nom d'un village des environs de Paris, où cette greffe est presque exclusivement employée pour la multiplication des arbres fruitiers , et où il s'en effectue, chaque année, plusieurs milliers.

XIII. Greffe (Descemet) *en écusson double , ou multiple , sur le même sujet.* Nouv. Cours d'Agr. , tome 6, page 524.

Synonymie. G. en écusson à plusieurs entes. Oliv. de Serres, tome 2, page 365, col. 2 , lig. 38.

Opération. Placer deux écussons opposés (fig. M, 3e. sect. , pl. 1) ou un plus grand nombre sur un sujet et par les mêmes procédés que pour les greffes Jouette et Vitry.

Usages. Pour multiplier les chances de la réussite sur des arbres étrangers délicats, et pour produire des arbres d'un port très-pittoresque dans les jardins paysagistes. Les frênes pleureurs, les cytises , les robiniers se greffent ainsi.

Dénomination. A la mémoire de M. Descemet, jardinier du Jardin des apothicaires de Paris , vers le milieu du siècle dernier; homme habile dans son art, et père d'une nombreuse famille de cultivateurs et de botanistes distingués, qui ont contribué à la multiplication des arbres étrangers en France.

XIV. Greffe (Schneewoogt) *en écusson, à incision faite en sens inverse, de la manière ordinaire.* Nouv. Cours d'Agr. , t. 6 , p. 524.

Synonymie. G. en écusson , en sens inverse. Cab. , Essai sur la greffe , p. 31 , alin. 3 *G. en écusson , en sens opposé.* Et. Calvel., des Arbres pyramidaux, p. 78, alin. 1er. , fig. 6 , let. D , C.

(71)

Opération. Donner à l'écusson la forme d'un triangle dont le sommet se trouve au-dessus de l'œil, au lieu de se trouver au-dessous, comme dans la greffe en écusson ordinaire. (Voyez N', 3e. sect., pl. 1.)

Inciser l'écorce du sujet N en forme de L, pour recevoir l'écusson.

Usages. Propre à assurer la réussite des greffes d'arbres très-abondans en sève gommeuse.

Employée à Hyères et à Gênes, pour greffer les diverses espèces d'orangers. On pourrait l'essayer avec espérance de succès sur les arbres résineux.

Dénomination. A la mémoire estimable de SCHNEEWOOGT, fleuriste à Harlem, auteur d'un *Traité sur la Jacinthe et sa culture.* Cet ouvrage est très-utile aux cultivateurs de ce beau genre de plantes.

XV. Greffe (Knoop) *en écusson, à œil tourné par la pointe vers la terre.* Nouv. Cours d'Agr., t. 6, p. 524.

Synonymie. G. à rebours. AGRICOLA, Agric. parf., part. 1re., page 182, fig. 6.

G. en écusson renversé. ROGER SCHABOL, Prat. du Jard., t. 1, p. 79.

Opération. Faire sur le sujet l'incision comme pour la greffe Schneewoogt, ou à la manière ordinaire.

Poser l'écusson, la pointe de l'œil tournée vers la terre. (Voyez O, 3e. sect., pl. 1re.)

Usages. Pour obliger (disait-on) les bourgeons à croître dans une direction différente de celle dans laquelle ils croissent ordinairement; et afin d'accélérer la fructification des greffes, et de leur faire produire de plus gros fruits. D'un usage très-limité, parce qu'elle remplit mal sa destination. Les bourgeons se redressent et ne donnent pas de fruits plus précoces ou plus gros que s'ils avaient été greffés en écusson ordinaire.

Dénomination. A la mémoire de JEAN HERMAN KNOOP, jardinier hollandais, auteur d'une *Pomologie,* ou description des meilleurs fruits cultivés en Europe; ouvrage orné d'un grand nombre de figures exactes, et publié à Lemwarde en 1756.

XVI. Greffe (Jansein) *en écusson, de plusieurs variétés différentes sur le même arbre.* Nouv. Cours d'Agr., tome 6, page 524.

Synonymie. Entés au bout des branches. OLIV. DE SERRES, Théâtre d'Agr., t. 2, p. 371, col. 1re., alinéa premier.

Opération. Elle se pratique en fente par le procédé de la greffe Atticus, et le plus souvent en écusson par celui de la greffe Jouette ou Vitry.

Usages. On l'emploie pour se procurer, sur le même arbre, des fruits de différentes formes, de diverses couleurs, et qui mûrissent les uns après les autres.

Dénomination. A la mémoire de M. DE JANSEIN, propriétaire, cultivateur d'arbres étrangers de pleine terre. Il en avait réuni la collection, la plus nombreuse qui existât alors (1778), dans son vaste jardin des Champs-Élysées, à Paris.

XVII. Greffe (Duroy) *en écussons, faits successivement sur le même arbre avec des gemma fournis par sa dernière pousse.* Nouv. Cours d'Agr., tome 6, page 524.

Synonymie. Entes sur entes. OLIV. DE SERRES, Théâtre d'Agr., t. 2, p. 338, col. 1re., ligne 1re. Vulgairement, *greffes sur greffes.*

Opération. On l'effectue en fente ou en écusson, et quelquefois simultanément des deux manières.

La greffe en fente se pratique au printemps, comme la greffe Atticus.

La greffe en écusson à la sève d'août, de la même manière que la greffe Vitry. On répète chaque année ces opérations, en employant toujours des scions ou gemma de la dernière pousse, pris sur la partie supérieure du même arbre.

Usages. Plusieurs agronomes de l'antiquité, et dans les temps modernes Olivier de Serres, Duhamel, Miller, Rozier, et beaucoup d'autres auteurs, ont prétendu que les *greffes sur greffes* hâtaient la fructification, augmentaient le volume des fruits et les rendaient plus suaves. Pour constater un fait aussi important, on a greffé depuis plusieurs années, dans l'école d'agriculture du Muséum, un sauvageon de poirier sur lui-même. Cet arbre ne nous a, jusqu'à présent, donné des fruits que dans sa partie inférieure : la question n'est donc pas encore résolue ; mais déjà on peut s'apercevoir que les feuilles des rameaux greffés les plus récemment sont les plus larges, et que ces rameaux ont moins d'épines que ceux de la partie inférieure : c'est déjà beaucoup.

Dénomination. En l'honneur de M. DUROY, physiologiste, l'un des directeurs des forêts en Prusse, et auteur de plusieurs ouvrages, dont quelques-uns traitent de l'économie forestière.

XVIII. Greffe (Lambert) *composée de celles en écusson, en approche et en fente par scions.* Nouv. Cours d'Agr., t. 6, p. 524.

Synonymie. G. composée. DUHAM., Mémoires de l'Académie des Sciences de Paris, tome 55, page 502.

G. composée. Et. Calvel, Traité des Pépin. , t. 2, p. 101 , alinéa premier, pl. 2, fig. 7.

Opération. Planter à six décimètres l'un de l'autre deux sauvageons d'une longue existence ; les greffer, par gemma, en espèce domestique à fruit parfumé et très-sucré. (Voyez 1 et 2, fig. P , 3e. sect., pl. 1re.)

Greffer par approche longitudinale les deux bourgeons qui naîtront des gemma des écussons. (Voyez 2.)

Les bourgeons bien soudés, leur couper la tête, les fendre en travers et poser dans la fente que l'on vient de pratiquer le scion d'un arbre domestique à fruit d'un gros volume, insipide et sans parfum. (Voyez 3.)

Le procédé proposé par Duhamel est un peu différent, quoique tendant au même but. C'est de greffer sur un poirier sauvageon un coignassier ; sur celui-ci une épine, sur celle-ci un néflier, et sur ce dernier un poirier de bon-chrétien.

Usages. Pour savoir si le mélange des sèves et des sucs propres de différens arbres ne modifierait pas la saveur des fruits, et ne pourrait pas produire de nouvelles races domestiques dont les fruits seraient préférables à ceux que nous possédons. L'expérience seule pouvait détruire cette opinion : elle en a démontré la fausseté.

Dénomination. En l'honneur de M. Lambert, botaniste anglais, à qui la science est redevable d'une belle Monographie de la belle et utile famille des arbres résineux à fruits en cônes.

XIX. Greffe (Magneville) *en écusson, avec une double incision en manière de chevron brisé au-dessus de la greffe.* Nouv. Cours d'Agr., tome 6, page 524.

Synonymie. G. des arbres résineux. Mémoires de la Société d'Agr. de Paris, ann. 1785, trimestre d'été, page 39.

G. des arbres verts. Ét. Calvel, Traité des Pépin. , tome 2, page 99, pl. 1, fig. 7, let. B , C.

Opération. Faire à la tige d'un jeune sujet Q (3e. sect. , pl. 1.) une incision en forme de T, comme pour la greffe Vitry ; former à 4 ou 5 millimètres au-dessus de la barre du T une double incision , en manière de chevron brisé , qui coupe l'écorce jusqu'à l'aubier dans la largeur d'un millimètre.

Lever sur l'arbre qu'on veut multiplier un écusson ordinaire, l'introduire dans la plaie du sujet et ligaturer la greffe.

Usages. Pour multiplier plus sûrement les arbres à sève résineuse, gommeuse ou très-abondante.

10

Dénomination. A la mémoire de Magneville, cultivateur, propriétaire aux environs de Caen. Il a naturalisé dans ses possessions beaucoup d'arbres étrangers, qui depuis se sont multipliés dans son département, et il a été l'inventeur de cette greffe en 1784.

XVIII. Greffe (Sintard.) *en écusson, couvert par une plaque d'écorce d'un autre arbre.* Nouv. Cours d'Agr., t. 6, p. 524.

Synonymie. Ente en écusson couvert. Oliv. de Serres, t. 2, p. 366, col. 2, lig. 2.

Opération. Faire au sujet deux incisions, comme pour la greffe Vitry, et y poser l'écusson de la même manière.

Luter avec de la cire molle toutes les scissures de l'incision, et couvrir la partie opérée d'une plaque d'écorce prise sur un autre arbre, percée à l'endroit où se trouve le bourgeon de l'écusson et maintenue par une ligature. (Voy. R, 3e. sect., pl. 1.)

Usages. D'une pratique trop minutieuse pour être employée à la multiplication en grand, mais recommandable pour des espèces rares et délicates.

Dénomination. A la mémoire de Sintard, jardinier en chef du jardin des Plantes de Paris au commencement du siècle dernier. Il employait utilement cette greffe pour multiplier les rosiers d'Alexandrie.

XXI. Greffe (Aristote) *en écusson carré, placé sur un sujet dont l'écorce rabaissée le recouvre à moitié.*

Synonymie. Ente en écusson, autre sorte. Oliv. de Serres, Théât. d'Agr., t. 2, p. 366, col. 2, alinéa 1er., et même tome, p. 399, col. 2, alinéa premier.

Opération. Faire trois incisions à l'écorce du sujet, l'une horizontale, et deux autres latérales et parallèles, de manière que l'on puisse rabaisser l'écorce ainsi coupée. (Voyez fig. A, 3e. sect., pl. 2.)

Tailler une plaque d'écorce munie d'un bon œil, qui puisse recouvrir exactement la plaie faite au sujet; relever ensuite l'écorce abaissée, en recouvrir l'écusson jusqu'au-dessous de son bourgeon, luter les scissures et ligaturer le tout.

Usages. Fort en usage du temps d'Olivier de Serres, pour greffer les bonnes espèces d'oliviers sur l'olivier sauvage; mais abandonnée depuis, parce qu'elle est d'une pratique longue et minutieuse.

Dénomination. A la mémoire d'Aristote, philosophe macédonien, qui a traité de plusieurs branches de l'économie rurale, et particulièrement de la vigne et de l'Olivier, arbre auquel cette greffe est plus particulièrement destinée.

XX. Greffe (Sennebier) *en écusson , par portion d'yeux terminaux.*

Opération. A défaut de gemma latéraux , on peut fendre en deux ou en quatre parties égales des yeux terminaux (Voyez B , 3e. sect., pl. 2) , et greffer chacune de ces parties, soit à œil poussant, soit à œil dormant, en des incisions en T, pratiquées sur de jeunes sujets.

Usages. Addition utile aux moyens ordinaires de multiplication , pour des arbres rares, à gemma écailleux et sur-tout pour ceux à branches opposées.

Dénomination. A la mémoire de SENNEBIER, physiologiste génevois du siècle dernier , qui a enrichi la physique végétale de plusieurs découvertes utiles aux progrès de l'agriculture.

XXI. Greffe (Butrel) *en écusson d'espèces de même genre ou de même famille, qui diffèrent par la durée du feuillage, ou les époques du mouvement de leur sève.*

Synonymie. G. *Liebaut.* Nouv. Cours d'Agr., tome 6 , page. 525 , n°. 18. *Vulgairement G. hétéroclites.*

Opération. Sur un sujet qui perd ses feuilles chaque année , greffer un arbre du même genre dont le feuillage est permanent, *et vice versâ.*

Placer sur un arbre dont la sève se met tard en mouvement, une espèce de même genre qui entre en sève plus tôt.

Greffer sur une espèce à sève douce et insipide une autre espèce dont le suc est âcre et corrosif.

Usages. Pour prouver qu'il ne suffit pas de greffer l'un sur l'autre des arbres de même famille, de même genre et de même espèce , pour obtenir une réussite complète; mais qu'il faut encore que les mouvemens de la sève ascendante et descendante, ainsi que les qualités des sucs propres soient à-peu-près les mêmes: sans cela ces greffes, mal assorties, périssent en peu d'années.

Dénomination. A la mémoire de feu M. BUTREL , cultivateur, philosophe, et auteur d'un *Traité raisonné de la Taille des Arbres fruitiers* , ouvrage imprimé en 1795, qui en 1804 était à sa dixième édition, et qui devrait être le catéchisme de tous, les jardiniers qui cultivent des arbres fruitiers.

XXII. Greffe (Bosc) *de feuilles , en manière d'écusson.*

Opération. Choisir de jeunes sujets dans le plein de leur sève; faire à leurs tiges des incisions en forme de T , et proportionnées à la grosseur des pétioles qu'elles doivent recevoir ;

Prendre sur des espèces congénères peu en sève des feuilles parvenues au quart, au tiers, à la moitié de leur grandeur ; les séparer de leurs arbres avec leur pédicule dans toute sa longueur, et son appendice, mais sans gemma. (Voyez fig. D , 3e. sect. , pl. 2.)

Poser ces greffes dans les incisions faites aux sujets, et placer ceux-ci sur une couche tiède couverte d'un châssis ombragé, sous lequel sera entretenue une atmosphère vaporeuse, humide et chaude, pendant la reprise des greffes.

Usages. Pour savoir 1º. si les feuilles reprendront sur des espèces voisines, ce qui est probable ; 2º. si elles se refuseront à vivre sur des sujets disgénères ; 3º. si ces feuilles produiront dans leurs aisselles des gemma, comme si elles n'eussent point quitté leur pied naturel ; 4º. de quelle nature seront les bourgeons qui se développeront de ces gemma ; 5º. et enfin si ces gemma existent dans la graine, et ne font que se développer par l'acte de la végétation, ou s'ils sont produits chaque année par les feuilles des végétaux.

Ces faits bien constatés, que l'opération réussisse ou non, seront toujours des expériences utiles.

Dénomination. En l'honneur de M. Bosc , voyageur, naturaliste et cultivateur distingué, l'un des principaux rédacteurs des Dictionnaires d'Histoire naturelle et d'Agriculture. Ce savant se propose de faire cette utile, mais délicate expérience. Elle ne pouvait tomber en meilleures mains pour donner des résultats utiles aux progrès de la science.

Serie IIe. *Greffes en flûte.*

CARACTÈRES. Un ou plusieurs yeux, portés sur un anneau d'écorce plus ou moins grand et sans aubier.

COMPOSITION. Cette série comprend les greffes nommées vulgairement : en anneau, en sifflet, en tuyau, en canon, en cornuchet, en chalumeau, en flûte ou flûteau.

USAGES. Ces greffes sont affectées plus particulièrement à la multiplication des grands arbres fruitiers de vergers agrestes, dans plusieurs parties de la France ; on l'emploie aussi pour quelques espèces d'arbres étrangers à bois dur , dans diverses pépinières.

Opérations. On pratique ces greffes au printemps , lors de l'ascension de la première sève , ou vers la fin de la descente de la seconde.

La manière de les opérer consiste , 1°. à enlever sur les rameaux des arbres que l'on veut multiplier , des tubes d'écorce munis d'un ou de plusieurs yeux bien constitués ; 2°. à choisir de jeunes sujets dont les tiges soient de même diamètre que les rameaux des greffes ; 3°. à couper la tête ou l'extrémité des branches de la plupart d'entre eux, aux places où ils doivent être greffés ; 4°. à leur enlever des anneaux d'écorce de même longueur que ceux des greffes ; 5°. à poser ces derniers sur les sujets , pour remplacer ceux qui ont été supprimés ; 6°. et enfin à luter les bords des scissures pour que l'air , l'eau , ni aucun autre corps étranger ne puissent s'y introduire.

Cette opération doit être faite , autant que possible , par un temps doux , sans pluie , aux heures où les rayons du soleil ont peu de chaleur , et où le hâle ne peut enlever la sève visqueuse qui suinte des parties dépouillées d'écorce.

Conservation. Lorsque les tiges n'ont pas été coupées immédiatement au-dessus de l'anneau d'écorce de la greffe , il faut enlever avec soin tous les bourgeons qui croissent plus haut que l'endroit opéré , pour que la sève n'ait pas d'autres issues que les gemma de la greffe. Dès que celle-ci commence à pousser , on taille le sujet sur celui des bourgeons que l'on destine à remplacer la tige du sauvageon.

De toutes les greffes de la troisième section , celles-ci sont les moins sujettes à être décollées par les vents , et les plus solides ; mais aussi elles sont plus longues à pratiquer que toutes les autres. Il ne paraît pas qu'elles aient été connues dans l'antiquité.

SORTES.

I. Greffe (Jefferson) *en flûte , sans couper la tête du sujet, à sève descendante et à œil dormant.* Nouv. Cours d'Agr., t. 6, p. 525.

Synonymie. G. *par anneau d'écorce.* DUHAM., Phys. des Arb. , tome 2, page 72, alinéa 2.

Opération. Enlever sur l'arbre que l'on veut multiplier un anneau d'écorce E', 3ᵉ. sect., pl. 2, muni d'un ou deux yeux, en le fendant perpendiculairement sur l'un de ses côtés ;

Enlever au sujet un anneau d'écorce sans yeux, et de pareille dimension. (Voyez E.)

Poser l'anneau de la greffe sur le sauvageon, auquel on laisse sa tête et ses branches, et, *vice versâ,* l'anneau retiré du sauvageon sur l'arbre qui a fourni la greffe.

Cette greffe s'effectue vers le déclin de la sève d'août.

Usages. Elle ne compromet pas l'existence des sujets si elle ne reprend pas , et elle ne mutile pas le *porte-greffe ,* puisque sa plaie est recouverte par l'écorce du sauvageon.

Propre à multiplier des arbres rares à bois dur , dans les genres des chênes, des noyers et des châtaigniers américains.

Dénomination. En l'honneur de M. THOMAS JEFFERSON, ci-devant président des États-Unis de l'Amérique, savant agronome , auquel l'agriculture doit l'un des plus utiles perfectionnemens de la charrue , dont il a repris le manche en quittant les rênes de l'état qu'il a gouverné avec tant de sagesse.

II. Greffe (Sifflet) *en flûte, pratiquée au moyen d'un anneau d'écorce enlevé à un arbre et placé sur un autre , en coupant le sommet de la partie greffée.* Nouv. Cours d'Agr., t. 6, p. 525, pl. IV, fig. 17.

Synonymie. G. *en écusson en sifflet.* DUHAM., Phys. des Arb., tome 2, page 91, alinéa 1ᵉʳ., pl. 12, fig. 101, 102, 103 et 104.

G. *par juxta-position ou en flûte.* ROZIER, Dict. d'Agr., tome 5, page 352, col. 2, alin. 1ᵉʳ., pl. XI, fig. 12.

Opération. Couper l'extrémité de la tige ou de la branche que l'on veut greffer ; enlever au-dessous de la coupe un anneau d'écorce d'un à trois pouces de long. (Voyez F , 3e. sect., pl. 2.)

Choisir la branche qui doit fournir la greffe de même diamètre que le rameau que l'on veut greffer ; enlever par le gros bout un tuyau d'écorce un peu moins long que la plaie faite au sujet.

Ajuster ce tuyau à la place de l'anneau enlevé, et le faire coïncider exactement par le bas avec l'écorce du sujet ; réduire en charpie la surface du bois dénué d'écorce qui reste au-dessus de la greffe, et luter les scissures.

Usages. Presque uniquement employée dans quelques départemens de la France pour greffer les noyers, châtaigniers, mûriers, figuiers et autres arbres fruitiers à pepins et à noyaux.

Dénomination. Nom sous lequel elle est connue dans une grande partie de la France.

III. Greffe (de Pan) *en flûte, par l'amputation de la tête ou des branches du sujet, et à œil dormant.* Nouv. Cours d'Agr., tome 6, page 525.

Synonymie. G. en chalumeau. Cab., Princ. de la Greffe, page 42, alinéa 4.

Opération. Celle-ci ne se distingue de la précédente qu'en ce qu'elle s'effectue à la deuxième sève, avec des gemma produits par la première sève de la même année, tandis que la greffe en sifflet se pratique avec des yeux de l'année précédente.

Usages. Rarement employée dans la pratique ordinaire, mais pouvant être utile pour varier les chances de réussite dans la multiplication des arbres étrangers à bois très-dur.

Dénomination. Cette greffe imitant le chalumeau dont se servent les bergers dans leur musique champêtre, et dont les poëtes attribuent l'invention au dieu Pan , on lui a donné le nom de ce dieu.

IV. Greffe (de Faune) *en flûte, à plusieurs yeux alternes, posée en supprimant la tête des parties greffées, et lacérant leurs écorces.* Nouv. Cours d'Agr., t. 6, p. 525.

Synonymie. G. en flûte. Duham , Phys. des Arb., t. 2, p. 72, pl. XII, fig. 104.

Opération. Cette sorte se distingue par la longueur de son tuyau, qui peut être d'un décimètre et porter 4 ou 5 yeux, et en ce que l'écorce du sujet, au lieu d'être supprimée à la place que doit occuper la greffe, est divisée verticalement en quatre ou cinq lanières (fig. **G**, 3e. sect., pl. 2.), que l'on rabat vers là terre et que l'on relève sur la greffe lorsqu'elle a été placée ; ensuite on coupe l'écorce et le bois du sujet en bec de flûte au-dessus du dernier œil de la greffe.

Usages. Moins employée par les pépiniéristes que par les cultivateurs d'arbres étrangers, pour diverses espèces de végétaux rares à bois dur.

Elle offre, par sa longueur et le nombre de ses yeux, un plus grand nombre de chances pour la réussite que les autres sortes de cette série ; mais elle est moins facile à exécuter.

Dénomination. Nom des dieux rustiques auxquels on attribue l'invention de la flûte des bergers, avec laquelle cette greffe a de la ressemblance.

SECTION IVe.

Greffes des Parties herbacées des Végétaux, ou Greffes Tschoudy (1).

C'est à M. le baron Tschoudy que l'agriculture est redevable des greffes qui composent cette dernière section. Elles se distinguent de toutes celles des sections précédentes, en ce qu'elles s'effectuent au moyen de tiges herbacées des arbres, des plantes vivaces, et même des plantes annuelles.

A mesure qu'un arbre avance en âge, ses couches ligneuses sont comprimées de plus en plus par la formation des couches nouvelles qui croissent annuellement entre l'aubier et l'écorce des années précédentes. Le bois devient plus dense, et les canaux séveux qu'il contient se resserrent de manière à ne plus permettre le libre cours de la sève ; aussi n'est-ce que dans les parties vertes des végétaux que ce fluide circule en assez grande abondance pour opérer une cicatrisation : voilà pourquoi jusqu'à présent nous n'avons obtenu de réussite que par la soudure des écorces, et jamais par l'union du bois ni de l'aubier. Ici nous allons observer un nouveau phénomène : en greffant de jeunes végétaux herbacés, la sève et les sucs propres

---

(1) Les personnes qui voudront, sur cette section des greffes, de plus amples renseignemens, pourront consulter le mémoire intitulé : *Essai sur la Greffe de l'herbe des plantes et des arbres,* par M. le baron Tschoudy, bourgeois de Glaris. A Metz, chez Antoine, imprimeur du Roi.

seront également répartis dans tous les vaisseaux nourriciers, et la tige entière jouira de la propriété de s'unir à une autre tige dans le même état. D'après cela, on conçoit que ces greffes ne doivent laisser presque aucune trace sur les individus.

PHYSIQUE ET THÉORIE. Pour que cette union s'opère avec facilité et promptitude, il faut avoir soin d'insérer la greffe sur le sujet dans l'aisselle ou dans le voisinage d'une feuille vivante, de manière que la sève qui devait se porter au bourgeon de cette feuille, puisse animer le bourgeon inséré. Ecoutons ici M. *Tschoudy* lui-même :

« Les feuilles sont essentiellement pourvues d'organes propres à absorber dans l'atmosphère des principes nourriciers ; elles y pompent principalement de l'eau ; elles absorbent la substance lumineuse ; elles saisissent dans l'atmosphère une partie de l'air élastique, qu'elles approprient à la nutrition de la plante. Elles sont aussi pourvues d'organes propres à la transpiration, par lesquels elles rejettent au dehors l'excédant de l'eau qui leur est nécessaire. C'est là que réside le principal laboratoire où se forme le *cambium*.

» C'est donc par l'action des feuilles qu'il faut greffer de l'herbe (1) sur l'herbe pleine des tiges vertes.

» Mais les parties d'un végétal qui, par défaut d'organes propres à l'accroissement, ne peuvent se prolonger, meurent en cédant leur propre substance au bouton voisin.

» Si donc vous avez coupé une tige verte un pouce au-dessus d'un bouton, ne greffez pas sur cet inutile tronçon de tige

______

(1) Par le mot *herbe*, M. *Tschoudy* entend ici les parties non ligneuses des végétaux.

verte, qui, ne pouvant vivre pour lui-même, est dans l'impuissance d'animer une greffe.

» Greffez à hauteur de ce bouton terminal, qui, en se prolongeant, occasionnera la cicatrisation, et qu'on supprimera lorsque le bouton inséré aura puisé sur cette jeune tige le principe d'une vie nouvelle. »

Il faut aussi faire coïncider les parties incisées du sujet et de la greffe, de manière à établir entre leurs fibres le parallélisme le plus exact possible ; et il est bon de les abriter des rayons du soleil.

Enfin il est nécessaire de ligaturer assez fortement pour que les fibres ligneuses du sujet, en se durcissant, ne puissent pas, par leur écartement, se séparer de la greffe.

Lorsque ces opérations sont terminées, on abandonne la greffe à elle-même pendant quelques jours, puis on enlève les bourgeons inférieurs qui se trouvent sur la tige du sujet. Bientôt après, on supprime le bourgeon même de la feuille nourrice, et lorsque le gemma inséré se prolonge d'une manière sensible (vers le trentième jour), on desserre et l'on serre de nouveau avec une lanière de papier et un fil de laine, plutôt pour contenir que pour contraindre.

Il est presque inutile de dire que les greffes de cette section doivent s'effectuer pendant les mois de mai et de juin, puisqu'il faut que les tiges soient herbacées, et puisque les feuilles jouent un si grand rôle dans la cicatrisation de la plaie.

Usages. Les arbres verts, que l'on avait jusqu'à présent regardés comme très-difficiles à greffer, se sont prêtés avec la plus grande facilité à ce nouveau genre de greffe. Les arbres à bois très-dur, tels que les noyers, les chênes, etc., etc., ont donné des résultats aussi satisfaisans ; enfin, les plantes annuelles, bisannuelles et vivaces sont peut-être, depuis les expériences de M. *Tschoudy*, les végétaux les plus faciles à multiplier par la voie des greffes.

Cette section se compose de quatre séries.

La première comprend les greffes des *unitiges*, tels que les pins, les sapins, les mélèzes, arbres dont la tige centrale seule s'élève verticalement, tandis que les branches latérales décrivent toutes, avec cette tige, un angle qui devient de plus en plus ouvert, à mesure qu'elles reçoivent par la croissance une augmentation de poids. Ces dernières n'ont, pour ainsi dire, qu'une existence tributaire, et ne peuvent tendre à la verticalité.

La seconde renferme les greffes des arbres *omnitiges*, tels que la vigne et les autres sarmenteux, dans lesquels la force vitale d'accroissement (1) est également répartie sur chacun des boutons.

La troisième contient les *multitiges*, ou les végétaux chez lesquels cette même force vitale d'accroissement est susceptible

---

(1) *Force vitale d'accroissement* : c'est-à-dire cette force qui fait que la sève se porte ordinairement dans quelques branches plus que dans les autres pour déterminer leur développement. D'après l'opinion de M. *Tschoudy*, cette force est également répartie dans toutes les tiges des sarmenteux; par conséquent on peut les greffer toutes avec un égal succès. Elle n'agit que dans la tige principale de la plupart des résineux : cette tige seule est donc susceptible de recevoir les greffes. Mais, dans les multitiges, il est facile, au moyen de la taille et de la position plus ou moins verticale que l'on fait tenir aux branches, de porter où l'on veut la force vitale d'accroissement dont il est question. C'est ainsi que l'on récepe un vieux tronc pour obtenir de jeunes pousses vigoureuses; que l'on retranche quelques tiges pour forcer la sève à se porter vers les autres, etc., etc.

de se diviser et de se transporter, pour ainsi dire, sur telle tige que l'on veut. Dans ce cas sont la plus grande partie des arbres de nos climats.

Enfin, la quatrième réunit les greffes des végétaux herbacés, vivaces, bisannuels et annuels.

Série Ire. *Greffes des unitiges.*

Il est important de remarquer que ceux des arbres verts dont M. *Tschoudy* a formé la division des unitiges, ne prennent pas leur accroissement de la même manière que les arbres qui perdent leurs feuilles annuellement. En effet, dit cet auteur, ces derniers se prolongent exclusivement par le faisceau d'herbes terminales : lui seul marche vers l'élévation, laissant derrière lui une feuille lorsqu'il en est temps, et portant ainsi successivement la dernière feuille près du sommet d'une tige qui a toujours marché exclusivement par son extrémité.

Le bourgeon d'un pin ou d'un sapin, au contraire, se prolonge par tous les points de sa surface cylindrique.

Il résulte de là que si l'on coupait trop tôt la tige centrale herbacée d'un pin, et qu'on insérât une greffe sur le sommet de cette tige, cette dernière, en prenant son accroissement, détruirait le parallélisme, et par conséquent l'union que l'on a tâché d'établir entre les parties incisées de la greffe et du sujet.

Il faut donc attendre que la tige herbacée des unitiges soit parvenue aux deux tiers de son développement : alors les feuilles inférieures auront pris leurs distances. On coupera la partie de la tige verte où les feuilles, pressées l'une sur l'autre, annoncent un retard dans l'action du prolongement, et on greffera sur ce sommet, où l'on peut se promettre l'immobilité nécessaire.

*Greffe (D) d'un rameau terminal herbacé d'un unitige, sur le rameau
terminal herbacé et tronqué d'un autre unitige.*

Opération. Couper horizontalement la tête du sujet D (Voyez 1re. sect., pl. 9);
dépouiller de feuilles la place où l'on veut greffer; former une incision triangulaire propre à recevoir le rameau terminal d'. Quand la greffe est de même diamètre que le sujet, on doit avoir recours au procédé indiqué pour la greffe Huart.
(Voyez 2e. sect., pl. 2.)

Usages. Ces deux greffes sont applicables aux pins, sapins et mélèzes. Elles peuvent
également être employées pour beaucoup d'arbres estivaux.

Série II. *Greffes des omnitiges.*

Il a déjà été dit que dans ces arbres la force vitale d'accroissement était également répartie sur tous les bourgeons ; c'est-
à-dire, suivant les propres expressions de M. *Tschoudy*, que
si une tige s'élève verticalement, elle n'usurpe pas une préémi-
nence, et que si elle tombe au-dessous de la ligne horizontale,
elle ne languit pas par défaut d'élévation. On peut donc greffer
la vigne et les autres omnitiges sur chacun de leurs bourgeons.

Cette série ne contient qu'une greffe, qui s'effectue sur la
vigne par le procédé de la greffe F, que je vais décrire dans
la troisième série.

Série III. *Greffes des multitiges.*

Dans tous les arbres de cette série abandonnés à eux-mêmes,
quelques branches sont toujours beaucoup plus fortes et ont
plus de tendance à dominer que les autres. On aurait tort de
greffer sur des tiges faibles, qui ne seraient capables de donner
que peu de nourriture à la greffe ; on aurait même tort, toutes
les fois que l'on peut faire autrement, de ne pas supprimer les

branches qui pourraient attirer vers elles une partie de la sève destinée à se porter dans la tige greffée pour animer le bourgeon inséré. Aussi, lorsqu'après avoir récepé un arbre, on a obtenu un grand nombre de rejetons, faut-il ne conserver qu'un ou deux de ces rejetons, au plus, pour les greffer. Par ce moyen, la sève, qui n'a point à se partager entre un grand nombre de branches, se porte tout entière au lieu de l'opération, et le succès est assuré.

Greffe (E) *par approche d'un bouton naissant avec deux feuilles nourrices.*

Opération. Faire au-dessus de deux feuilles deux incisions obliques aux tiges herbacées Eε′ (1re. sect., pl. 9), en laissant le bourgeon que l'on se propose de faire végéter; recouvrir les deux plaies l'une par l'autre, et ligaturer. La greffe doit être reprise au bout de quarante jours.

Usages. On peut faire reprendre, par ce moyen, le chincapin, plusieurs chênes et plusieurs noyers d'Amérique, sur de jeunes plumules provenues de semences en pots.

Greffe (F) *par incision oblique, simple, soulevant une feuille.*

Opération. Couper horizontalement le sujet F (1re. sect., pl. 9) à un pouce environ au-dessus du pétiole de la feuille qui précède le faisceau terminal; former, à partir de l'aisselle de cette feuille, une incision oblique d'un pouce ou un pouce et demi de long, et qui se termine au centre de la tige; tailler la greffe F′ en coin, de manière qu'elle remplisse exactement l'entaille du sujet, et que le bourgeon de la feuille F′ se trouve à la hauteur du bourgeon du sujet F.

Usages. Cette greffe est applicable à toutes les plantes annuelles et à tous les arbres, mais particulièrement à ceux dont les fibres ligneuses sont assez flexibles pour ne pas obliger à ligaturer trop fortement. Les arbres fruitiers, les rosacées, les peupliers, les saules, les tulipiers, etc., etc., sont dans ce cas. La vigne reprend plus difficilement par ce procédé, parce que son système fibral est d'une grande roideur.

Greffe (G) *d'une tige d'un diamètre beaucoup plus petit que celui du sujet.*

Opération. Fendre le sujet G (1re. sect, pl. 9) de manière que l'extrémité du greffoir arrive jusqu'au bourgeon du pétiole G ; à partir de ce point, former, en baissant la main , une incision oblique dont la profondeur diminue de plus en plus vers la partie inférieure ; former une seconde incision qui coupe à angle droit la première , et qui s'arrête à la hauteur du bourgeon G. Tailler le scion G' en lame de couteau , et l'unir au sujet de manière que les deux bourgeons soient à la même hauteur.

La seconde incision dont il vient d'être question a pour but d'empêcher l'écartement des fibres, qui pourrait nuire à la reprise de la greffe.

Usages. Les mêmes que la précédente.

Greffe (H) *de végétaux à feuilles opposées.*

Opération. Faire au sujet une incision triangulaire dont le sommet soit au centre de la tige ; y insérer un scion taillé en coin prolongé, de manière que les deux bourgeons de ce scion forment un verticille avec ceux du sujet, (Voyez fig. H, 1re. sect., pl. 9.)

Usages. Propre aux arbres à feuilles opposées.

Série IV. *Greffes des plantes vivaces, bisannuelles et annuelles.*

Plus l'existence d'un végétal est courte ; et plus ordinairement sa croissance est rapide et vigoureuse, plus il a de force vitale active (1). Voyez avec quelle lenteur s'élèvent, pendant les premières années, les grands arbres dont la durée est de plusieurs siècles ; remarquez, au contraire, avec quelle rapi-

____

(1) *Force vitale active.* Voici un fait qui prouve d'une manière bien concluante que les arbres peuvent, pendant un certain temps, cesser de végéter sans cesser pour cela de jouir de la propriété végétative : l'une des dernières années du siècle précédent, nous envoyâmes à M. *Demidoff*, propriétaire dans les environs de Moscow, plusieurs paquets d'arbres fruitiers ; un de ces paquets tomba par hasard jusqu'au fond d'une glacière , où il fut oublié. Vingt et un mois après , des ouvriers le retirèrent : les arbres furent plantés à tout hasard , et ils reprirent aussi bien que ceux qui avaient été mis en terre dès leur arrivée.

dité s'accroît une plante annuelle. On dirait que, dans ce dernier cas, la nature se hâte, parce qu'il faut qu'elle produise en une seule saison ce qu'elle ne produit pour les arbres qu'en un laps plus ou moins considérable d'années (1). Aussi les végétaux annuels jouissent-ils beaucoup plus que les plantes vivaces, et à plus forte raison que les arbres, de la propriété de cicatriser promptement une plaie. Voilà pourquoi les greffes des plantes annuelles reprennent avec une très-grande facilité et en très-peu de temps.

Les soins que l'on doit accorder aux greffes des plantes annuelles sont moins assujettissans encore que ceux que nécessitent les arbres. Ici l'on peut, sans crainte, supprimer tous les bourgeons du sujet.

La seule précaution à prendre, précaution qui n'est pas indispensable, c'est d'abriter la greffe de l'aspect immédiat des rayons solaires, en enveloppant d'une feuille les parties opérées.

Greffe (L) *d'un artichaut sur chardon lancéolé.*

Opération. Tailler en lame de couteau la tige de la greffe près de sa racine, et l'insérer dans une fente pratiquée sur le sujet en face d'une feuille. (Voyez L, 1re. sect., pl. 9.)

Cette opération se fait la seconde année, avant la floraison.

---

(1) Jamais la nature ne cesse un seul instant de tendre vers un but principal, la conservation et la multiplication des espèces qu'elle a créées : le besoin de parvenir à ce but est tellement puissant, qu'il la fait quelquefois dévier de sa marche ordinaire. Le réséda ægyptiaca, par exemple, est une plante annuelle; cependant si l'on retranche ses boutons à fleurs à mesure qu'ils paraissent, il continue de vivre, il s'élève en arbrisseau, devient bisannuel, et quelquefois trisannuel si, la seconde année, on le prive encore des boutons qui doivent produire les graines.

Greffe (M) *Tomates sur pommes de terre.*

Opération. Elle est la même que pour la greffe précédente.

Elle s'opère au mois de mai. (Voyez fig. M , 1re. sect. , pl. 9.)

Usages. « Si en greffant des tomates sur pommes de terre (c'est M. *Tschoudy* qui parle), on parvient à obtenir une récolte égale à deux, à doubler un jour l'héritage du pauvre, il restera encore à examiner si le sol ne sera pas épuisé dans une mesure égale à deux.

» La nature nous permet de lui imposer de douces contraintes : j'avoue que celle-ci est un peu forte. Ne précipitons pas notre jugement, et continuons à marcher vers un but aussi désirable, afin d'en mesurer avec précision les avantages et les inconvéniens. »

Greffe (N) *d'un melon sur tige de concombre.*

Opération. Lorsque le melon est parvenu à la grosseur d'une noix, coupez la tige un pouce et demi au-dessous de l'insertion du pédoncule ; taillez en coin cette section de tige, et introduisez ce coin dans une incision oblique antérieurement pratiquée, en posant la pointe de l'instrument dans l'aisselle d'une feuille que vous aurez soulevée. (Voyez N , 1re. sect. , pl. 9.)

Nota. La figure N n'est pas tout-à-fait exacte, parce qu'elle a été dessinée sur une greffe qui n'avait pas été exécutée entièrement selon les principes indiqués plus haut. L'incision faite au sujet devrait commencer au point où la feuille s'unit à sa tige de la même manière que dans la figure F.

Usages. En greffant sur concombres à différentes époques, depuis le mois de mai jusqu'au mois de juin, M. *Tschoudy* a obtenu, en 1819 des fruits de melon depuis le 15 septembre jusqu'au mois de novembre, et ces fruits furent trouvés *meilleurs* que ceux qui étaient venus sur leurs propres pieds.

(91)

Ici se termine la description de toutes les greffes connues jusqu'à cette époque. Il me reste cependant encore à parler de plusieurs opérations de culture, que quelques agronomes avaient regardées comme des greffes, mais que l'expérience nous force de considérer maintenant sous un autre rapport.

Plusieurs auteurs prétendaient autrefois que tous les arbres pouvaient être greffés les uns sur les autres, quelle que fût, d'ailleurs la différence de leur nature. *Columelle*, entre autres (1), pour prouver à ses contemporains cette prétendue vérité, planta au pied d'un olivier un jeune figuier, auquel il coupa la tige au collet de sa racine, puis il forma sur l'aire de la coupe qu'il venait de pratiquer une entaille triangulaire et une fente (Voyez fig. 2, 1re. sect., pl. 7); il courba ensuite une branche de l'olivier et l'unit à la racine du figuier par le procédé de la greffe Varron.

L'olivier végéta, et *Columelle* en conclut qu'il s'était greffé sur le figuier ; mais il eut tort, puisque, pour peu qu'il se fût donné la peine d'examiner l'opération, il se serait aperçu que la tige de l'olivier avait poussé de sa partie opérée plusieurs racines suffisantes pour maintenir son existence : il avait donc fait une bouture au lieu d'une greffe. C'est un fait qui doit désormais être regardé comme certain, puisque, depuis douze ans, cette expérience est répétée au Muséum, et nous a toujours donné les mêmes résultats.

Comment pourrait-il se faire, en effet, que des arbres dont

---

(1) Voyez *Greffe* (*Columelle*) par approche d'une tige sur la racine d'un arbre disgénère. *Nouv. Cours d'Agr.*, t. 6, p. 5o3 ; ou, Columelle, *Des Choses rustiques*, liv. 5, p. 287, lig. 4, édit. franç. de Cotereau.

12*

la contexture est différente, et dont la sève n'est pas de même
nature, pussent s'unir de manière à ne former qu'un seul individu ? On ne doit pas perdre de vue que dans une greffe, quelle
qu'elle soit, le bourgeon ou le rameau inséré végète en grande
partie aux dépens de la sève qu'il reçoit du sujet : il faut donc
qu'elle soit à-peu-près de même nature que celle qui l'alimen-
tait sur son propre pied ; il faut encore que les canaux qui
charient dans les deux individus les liquides nourriciers,
aient une organisation et une disposition conformes autant
que possible.

En vain on s'efforcerait d'obtenir des résultats durables en
greffant ensemble des arbres de deux familles différentes,
parce que les mêmes lois qui président à l'organisation exté-
rieure des végétaux, président sans doute aussi à leur organisation interne, et que là seulement où il y a des rapports dans
la disposition des parties extérieures, il doit exister intérieurement une conformité assez grande pour faire réussir les
greffes.

Quelques exemples prouvent qu'un végétal peut s'unir à un
végétal d'une autre famille ; mais ils prouvent aussi que l'union
n'est pas durable. Greffez un frêne sur un lilas : en peu d'années
les deux individus n'existeront plus, parce que le lilas entre
en sève bien plus tôt que le frêne : d'où il résulte que ce dernier
reçoit un excès de nourriture lorsqu'il commence à peine à
végéter, et qu'il ne peut plus tirer du sujet aucun aliment à
l'époque à laquelle il en a le plus besoin pour sa croissance.
Le même effet se présente si l'on unit un laurier-cerise à un
prunier, parce que l'un est un arbre toujours vert, qui a bientôt épuisé l'autre.

(93)

On ne peut pas , avec plus de succès , greffer des végétaux de même famille , lorsqu'il y a beaucoup de disproportion entre l'accroissement que peuvent prendre les deux individus. Que l'on ente , par exemple , un arbre sur un arbrisseau , il se formera au lieu de l'opération un bourrelet , qui occasionnera bientôt la mort de l'un et de l'autre , parce que la sève descendante du premier ne trouvera pas d'issue pour arriver jusqu'aux racines du second. (Voyez fig. M , 3e. sect. , pl. I.) Le contraire aura lieu si l'on greffe un arbrisseau sur un arbre , comme on peut le voir , figure N , 3e. sect. , pl. I. Toutes les fois enfin que la nature des végétaux greffés sera différente , on n'obtiendra aucune réussite durable.

Dans ces derniers temps , M. *Noisette* (1) voulut greffer sur le cactus-opuntia un crassula : il pratiqua pour cela , sur les larges feuilles du cactus , des incisions longitudinales , dans lesquelles il inséra les greffes. (Voyez fig. J , 2e. sect. , pl. 2.) Ces dernières ne périrent point : elles poussèrent des racines qui s'implantèrent dans les feuilles du sujet , et qui s'étendirent même dans l'atmosphère , où elles puisèrent sans doute aussi des fluides nourriciers. Il faut bien que les plantes grasses soient organisées de manière à absorber avec une grande facilité les gaz répandus dans l'air , puisque , quoique leurs feuilles et leurs tiges épaisses et charnues aient besoin d'une nourriture abondante , elles croissent , pour la plupart , en des sols peu profonds et souvent encore moins substantiels : il n'est pas rare en effet de voir ces plantes végéter sur des rochers et des toits de maison à peine recouverts d'une légère couche de terre.

---

(1) Voyez *Greffe* (*Noisette*) en ramilles, de jeunes branches ou de feuilles de plantes grasses. *Nouv. Cours d'Agr.* , tome 6, page 512.

On peut citer encore parmi les exemples de greffes qui ne sont par le fait que de véritables boutures, celle qu'*Olivier de Serres* a décrite dans son *Théâtre d'Agriculture*, en parlant des fleurs d'ornement des jardins. « Pour meslinger, dit-il (1),
» et changer les œillets, l'on les ente en escusson, en fente
» aussi ; en ceste façon, très-rarement : et en quelque manière
» que ce soit, est nécessaire d'y apporter de la curiosité, pour
» la foiblesse de la plante. Moyennant lequel ordre recouvre-
» on des œillets verts, insérant sur des lauriers des jettons
» d'œillets blancs : des bleus sur des buglosses, ou sur des
» troncs de cichorée, faisant l'enture un peu dans terre. »

Le même auteur ajoute plus loin (p. 367, 1re. colonne, alinéa 1er.) : « Par escusson aussi se sert-on à enter plusieurs
» plantes à fleurs, à bouquets, à la médecine, estant un peu
» fortes : comme roziers, œillets, violiers, passe-velours,
» passe-rozes, buglosses, cichorées et semblables, pour les
» bigearrer et diversifier, etc., etc. »

Cette opinion, accréditée autrefois, a été démontrée fausse par beaucoup d'expériences faites de nos jours. Depuis plus de dix ans on greffe, au Muséum, en écusson ou par scions sur des racines de plantes vivaces ou bulbeuses des espèces congénères et disgénères. (Voyez fig. C, 3e. sect., pl. 2.) Ces plantes ont repris quelquefois de bouture ; jamais elles n'ont donné aucun des résultats annoncés par *Olivier de Serres*.

Voici pour les boutures auxquelles on avait donné le nom de greffes. Je vais dire quelques mots des semis sur arbres.

---

(1) OLIV. DE SERRES, tome 2, page 287, 2e. col., alin. 1er. édition de la Société d'Agr. du département de la Seine. Paris, 1805.

La plantation dont il vient d'être question , sur feuilles de plantes grasses , donna l'idée de semer , entre l'écorce et l'aubier de végétaux ligneux , d'arbustes ou d'arbres , des semences dépourvues ou enveloppées de leurs cotylédons (1). Ces semences se développeront-elles ? Les plantes auxquelles elles donneront naissance se grefferont-elles avec le sujet ? Vivront-elles à la manière des parasites ou des fausses parasites ? Quelles seront enfin les modifications que leur feront éprouver les végétaux sur lesquels elles ont été semées ? Voilà les questions qui se présentèrent tout naturellement.

On avait lieu d'espérer que les germes , développés d'abord par l'humidité répandue sous l'écorce du sujet , pourraient bientôt , en prenant de l'accroissement , se greffer avec lui par approche. Il en est arrivé autrement : si parfois les graines ont germé , les jeunes plumules n'ont eu que peu de jours d'existence.

Nos espérances ont également été déçues lorsque nous avons essayé de semer dans la moelle d'arbres vivans , auxquels on coupait la tête à cet effet. Quelquefois , à la vérité , les semences ont germé , parce que l'on a eu la précaution de remplacer la partie supérieure de la moelle par un peu de terre ; mais bientôt après elles sont mortes , faute de nourriture sans doute.

Dans le cas où le jeune individu aurait continué de croître , il se serait greffé naturellement sur le sujet , et il eût été curieux de savoir ce que seraient alors devenues les racines. Auraient-

---

(1) Voyez *Greffe* (*Bonnet*) à la manière des écussons entre l'écorce et l'aubier , de semences ou de leurs germes séparés des cotylédons. *Nouv. Cours d'Agr.* , tome 6, page 525.

elles continué à pénétrer dans la moelle ? Seraient-elles mortes faute de pouvoir s'étendre, et la greffe aurait-elle vécu, comme toutes les autres, des sucs nourriciers puisés dans le sol par les racines du sujet ?

La greffe dite *des Charlatans* est encore une de ces opérations que l'on ne peut considérer comme une greffe. Voici en quoi elle consiste : après avoir coupé à une hauteur plus ou moins grande un tronc d'un diamètre assez fort, on le perfore intérieurement par son centre, de manière que l'arbre opéré présente, depuis ses racines jusqu'au point où l'on a tranché sa cime, une espèce de cylindre creux. On réunit dans ce cylindre plusieurs jeunes individus de familles différentes, dont on fixe les racines en terre, et dont les tiges s'élèvent au-dessus de la section horizontale de l'arbre qui les contient. (Voyez fig. I, 3e, sect., pl. 2.)

Nous avons déjà eu l'occasion d'observer que la végétation active des végétaux résidait principalement dans l'écorce et l'aubier ; il n'est donc pas étonnant que l'arbre perforé continue de vivre. Quant aux individus qui se trouvent intérieurement, ils prennent leur accroissement, forment des bourrelets à la partie supérieure de l'opération, et produisent, par la différence de leurs feuillages, de leurs fleurs ou de leurs fruits, un effet souvent très-agréable, toujours fort singulier.

FIN.

TABLEAU MÉTHODIQUE DES GREFFES.

SECTIONS.	SÉRIES.	SORTES.		
Ire. PAR APPROCHE.	**Ire.** *sur tiges.*	1. Malesherbes 2. Forsyth. 3. Michaux. 4. Cauchoise. 5. Bradeley. 6. Varron. 7. Sylvain. 8. Hymen. 9. Dumoutier.	10. Monceau. 11. Noël. 12. Vrigny. 13. Duhamel. 14. Denainvilliers 15. Fougeroux. 16. Muséum. 17. En losa. s. tig. 18. En arc.	19. En berceau. 20. P. compress. 21. Diane. 22. Magon. 23. Chinoise. 24. Bank's. 25. Daubenton. 26. Virgile.
	IIe. *sur branches.*	1. Cabanis. 2. Agricola. 3. Aiton.	4. Rozier. 5. En losanges. 6. Egyptienne.	7. Buffon. 8. Caton.
	IIIe. *sur racines.*	1. Malpighi.	2. Lemonnier.	
	IVe. *sur fruits.*	1. Pomone.	2. Leberriays.	
	Ve. *de feuilles* *et de fleurs.*	1. Adanson.		
IIe. PAR SCIONS.	**Ire.** *en fente.*	1. Atticus. 2. Oliv. de Serres. 3. Bertemboise. 4. Kuffner. 5. Maupas. 6. Ferrari.	7. Lee. 8. Miller. 9. Anglaise. 10. Angl. à queue 11 Lenôtre. 12. Palladius.	13. De la Vigne. 14. Const. César. 15. Trochereau. 16. Laquintinie.
	IIe. *en couronne.*	1. Dumont-Courset 2. Hervy.	3. Pline. 4. Théophraste.	5. Liébault.
	IIIe. *en ramille.*	1. Huart. 2. Vilmorin. 3. Leclerc.	4. Salisbury. 5. Riedlé. 6. Collignon.	7. Riché. 8. Varin.
	IVe. *de côté.*	1. Richard. 2. Térence.	3. Roger Schabol. 4. Grew.	5. Pepin. 6. Girardin.
	Ve. *par racines.*	1. Hall. 2. Saussure. 3. Guétard.	4. Cels. 5. Bourgdorff. 6. Chomel.	7. Palissy (Bern.) 8. Muzat.

SECTIONS.	SÉRIES.	SORTES.		
IIIe. PAR GEMMA.	Ire. en écusson.	1. Tillet.	9. Colombé.	17. Duroy.
		2. Xénophon.	10. Sickler.	18. Lambert.
		3. Risso.	11. Jouette.	19. Magneville.
		4. Juge-St. Martin.	12. Vitry.	20. Sintard.
		5. Mustel.	13. Descemet.	21. Aristote.
		6. Poederlé.	14. Schneewoogt.	22. Sennebier.
		7. Lenormand.	15. Knoop.	23. Butrel.
		8. d'Ourche.	16. Jansein.	24. Bosc.
	IIe. en flûte.	1. Jefferson.	3. de Pan.	
		2. Sifflet.	4. de Faune.	
IVe. DES PARTIES HERBACÉES DES VÉGÉTAUX.	Ire. des unitiges.	1. (D)		
	IIe. des omnitiges.	1. Voy. F.		
	IIIe. des multitiges.	1. (E) 2. (F) 3. (G) 4. (H)	Greffes Tschoudy.	
	IVe. des plantes vivaces, bisannuelles et annuelles.	1. (L) 2. (M) 3. (N)		

TOTAL. . . . . . 119 Greffes.

TABLE.

Fin de la Table.

De l'Imprimerie de Madame HUZARD, née Vallat la Chapelle.
(Mars 1821.)

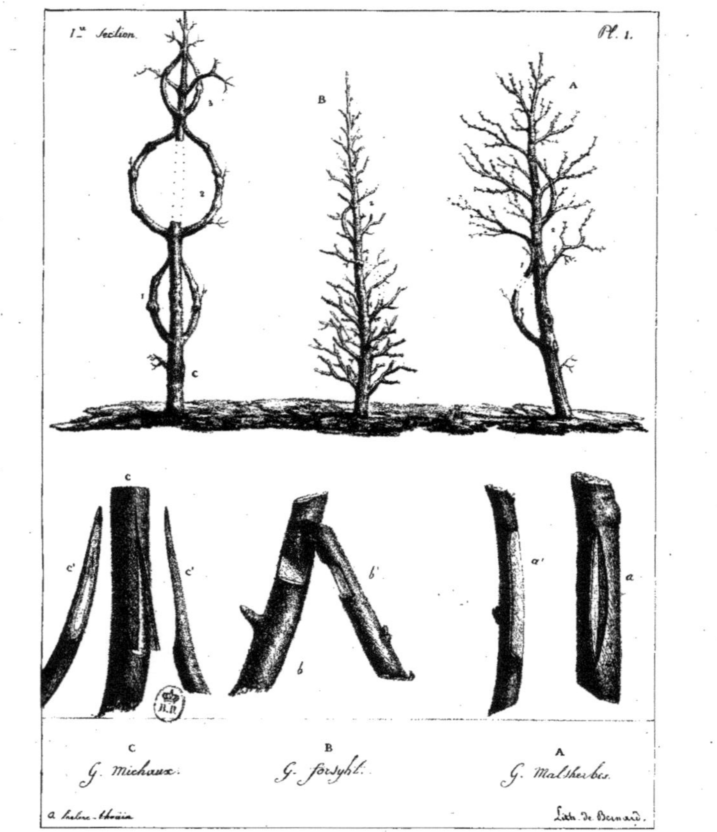

1re Section.
Pl. 1.
B
A
C
C
B
A
c
c'
c'
b'
b
a'
a
C
B
A
G. Michaux.
G. Forsyht.
G. Malsherbes.
a Paris, Theurie.
Lith. de Bernard.

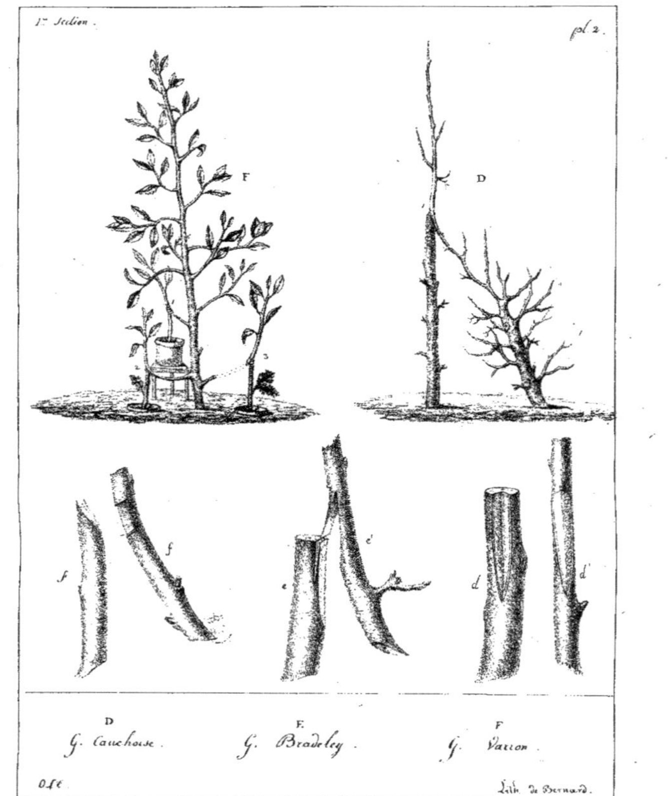

1.re Section.
pl. 2.
F
D
f
e
d
d
D
G. Cauchoise.
F.
G. Bradley.
F
G. Varron.
O.56.
Lith. de Bernard.

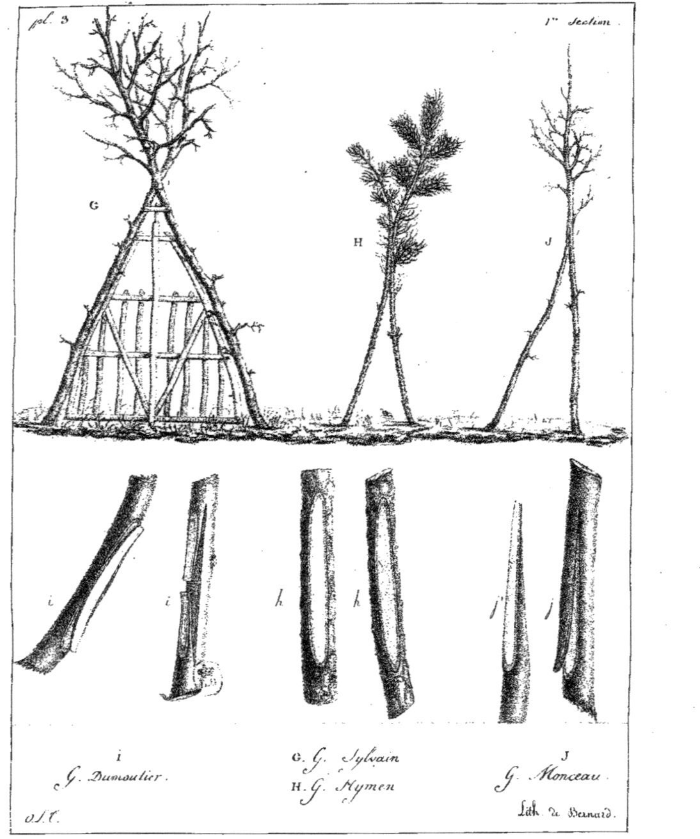

pl. 3
1re Section.
G
H
J
i
i
h
h
j
j
i
G. Dumoutier.
G. G. Sylvain
H. G. Hymen
G. Monceau
J
Lith. de Bernard.

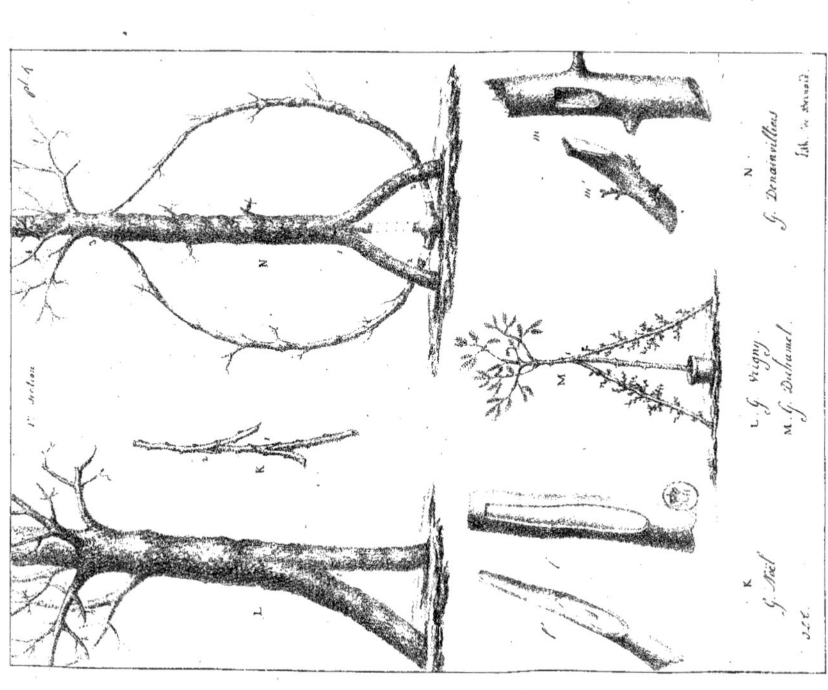

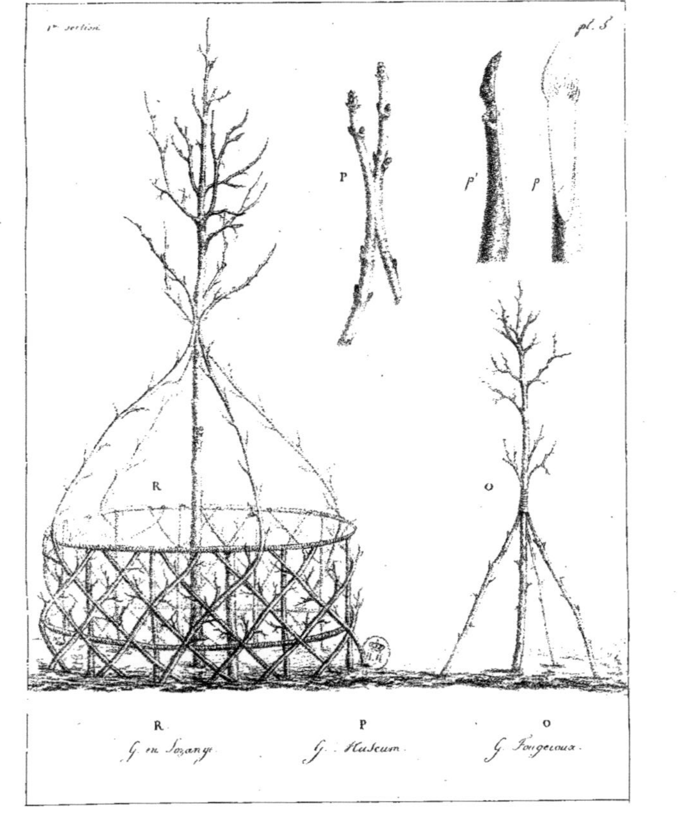

1re section.
pl. 5
P
P'
P
R
O
R
P
O
G. en Losange.
G. Museum.
G. Fougeroux.

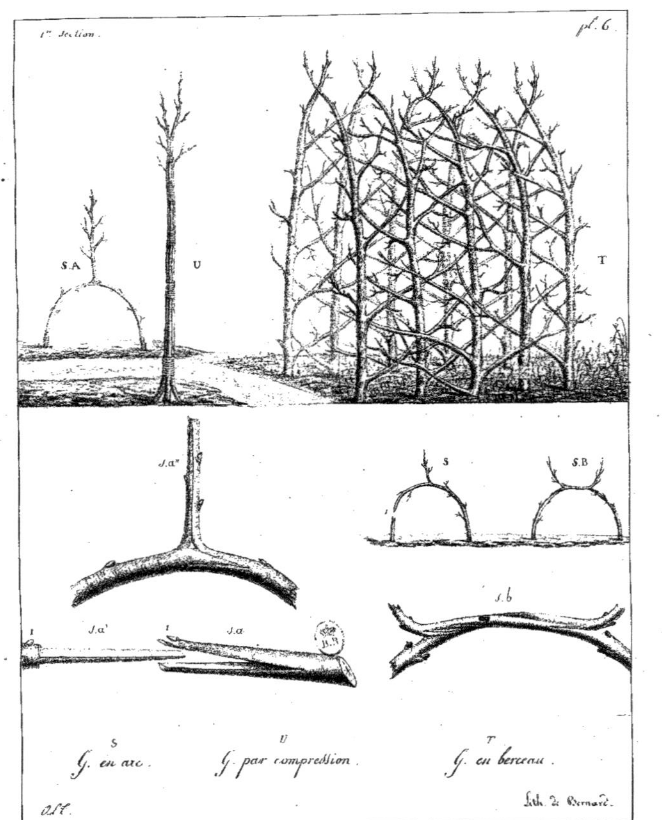

1re Section.
pl. 6.
S.A
U
T
S
S.B
J.a"
s.b
I
J.a'
I
J.a
S
G. en arc.
U
G. par compression.
T
G. en berceau.
Lith. de Bernard.

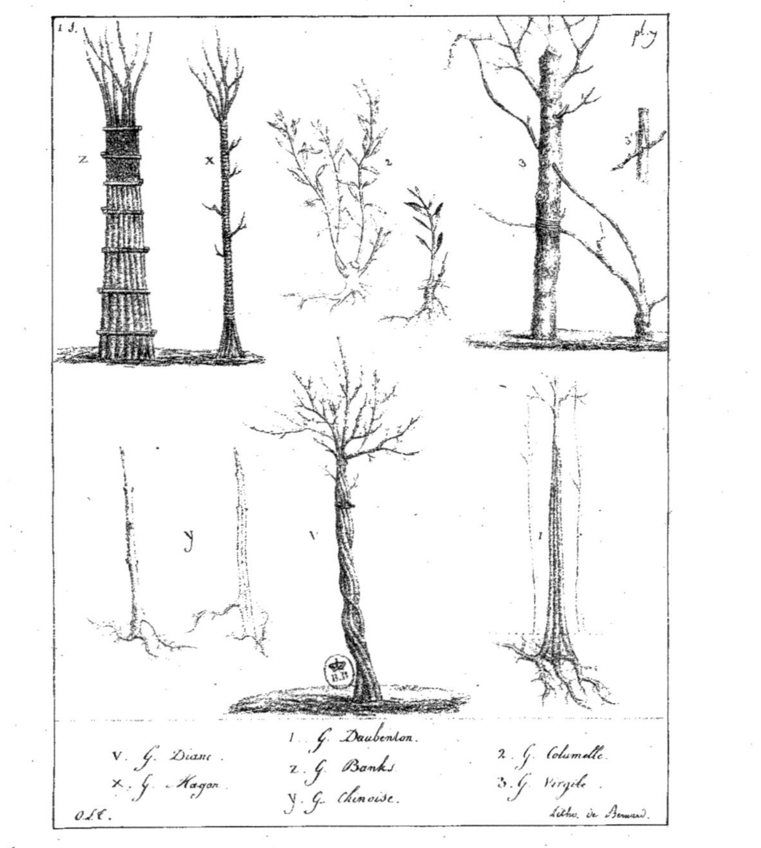

V. G. Diane. 1. G. Daubenton. 2. G. Columelle.
X. G. Magon. 2. G. Banks   3. G. Vergile.
              Y. G. Chinoise.

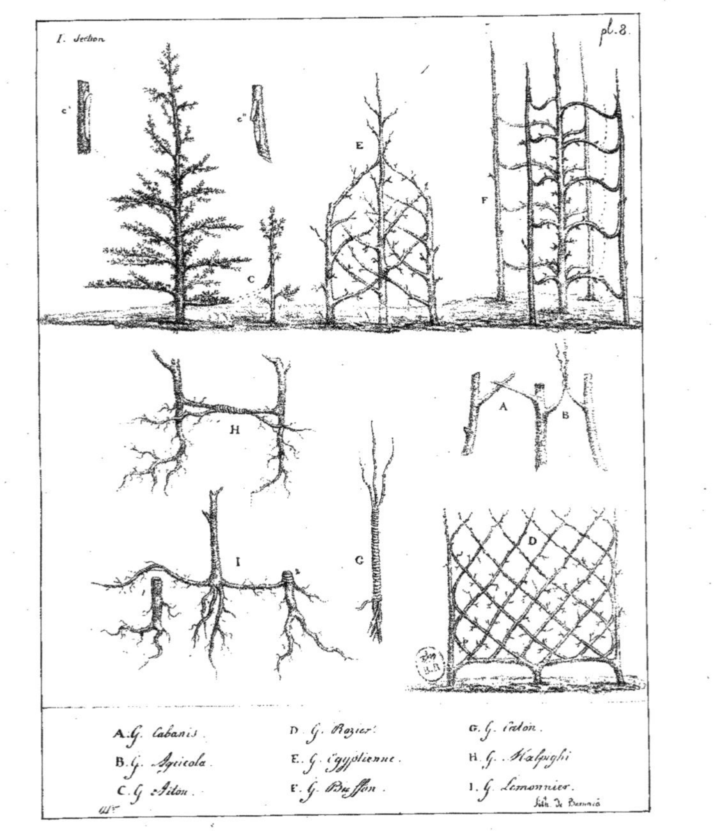

I. Section
pl. 8.
E
F
C
H
A
B
I
G
D
A. G. Cabanis.
B. G. Agricola.
C. G. Aiton.
D. G. Rozier.
E. G. Égyptienne.
F. G. Buffon.
G. G. Aiton.
H. G. Kalpughi
I. G. Lemonnier.

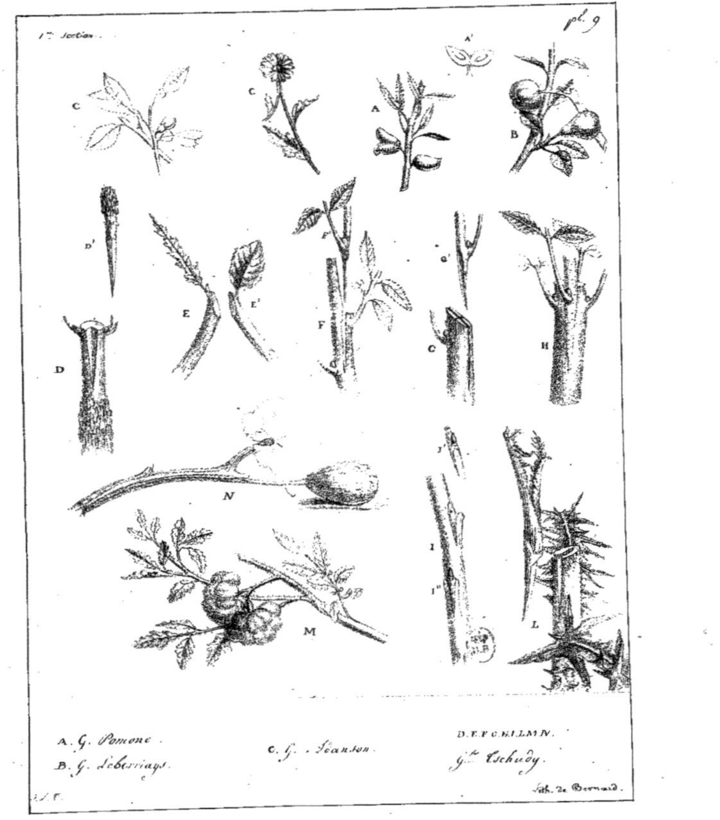

1re Section.
pl. 9
A. G. Pomone.
B. G. Leberriays.
C. G. Scanton
D. E. F. G. H. I. L. M. N.
G.r Tschudy.
Lith. de Bernard.

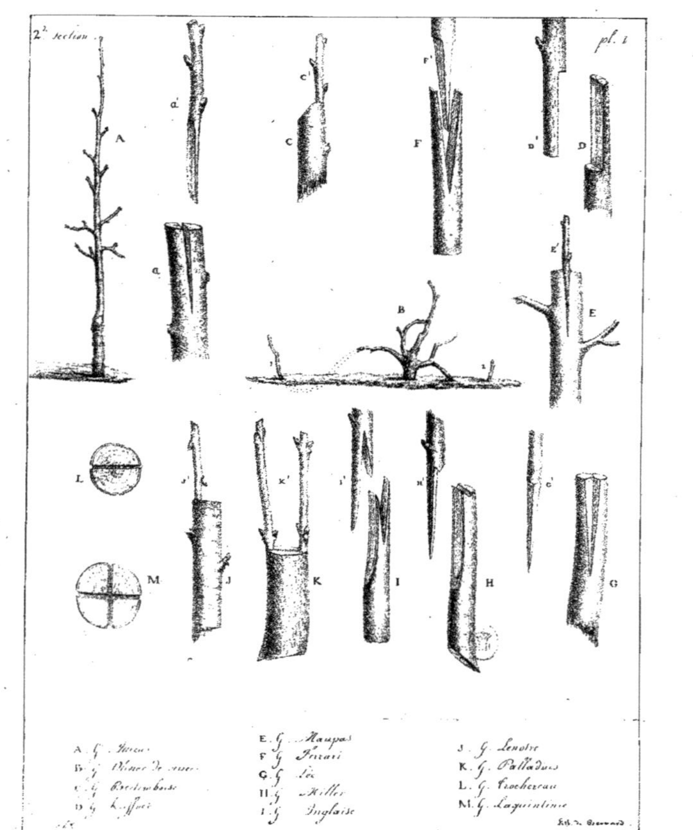

2.e section
pl. 1
A
B
C
D
E
F
G
H
I
J
K
L
M
A. G. ....
B. G. Planche de ....
C. G. Couronne ....
D. G. ....
E. G. Maupas
F. G. Ferrari
G. G. Six
H. G. Miller
I. G. Anglaise
J. G. Lenôtre
K. G. Palladius
L. G. Trocherau
M. G. Laquintinie

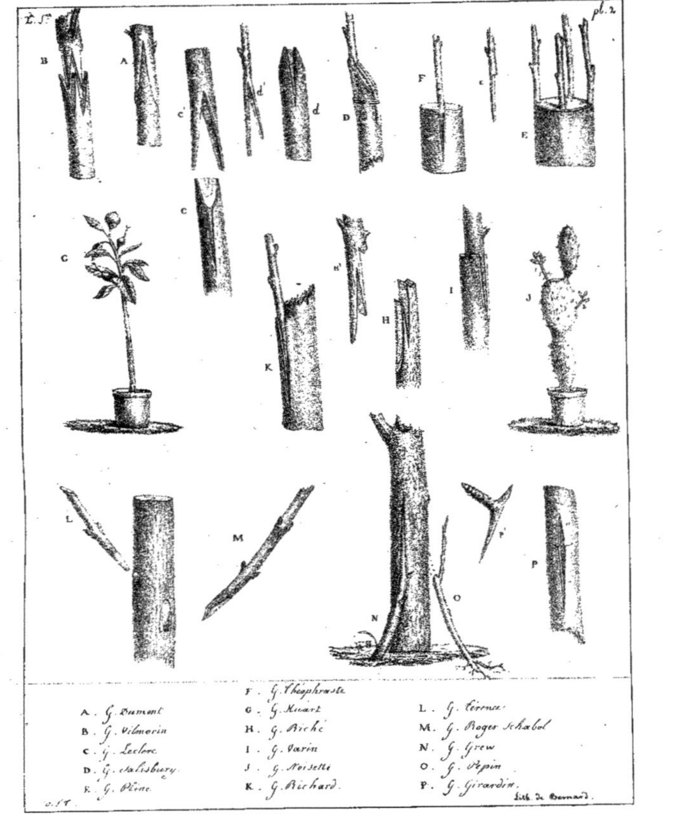

L. S.
pl. 2
A . G. Dumont
B . G. Vilmorin
C . G. Leclerc
D . G. Salisbury
E . G. Pline
F . G. Theophraste
G . G. Huart
H . G. Biche
I . G. Varin
J . G. Noisette
K . G. Richard
L . G. Térence
M . G. Roger Schabol
N . G. Grew
O . G. Pépin
P . G. Girardin
Lith. de Bernard.

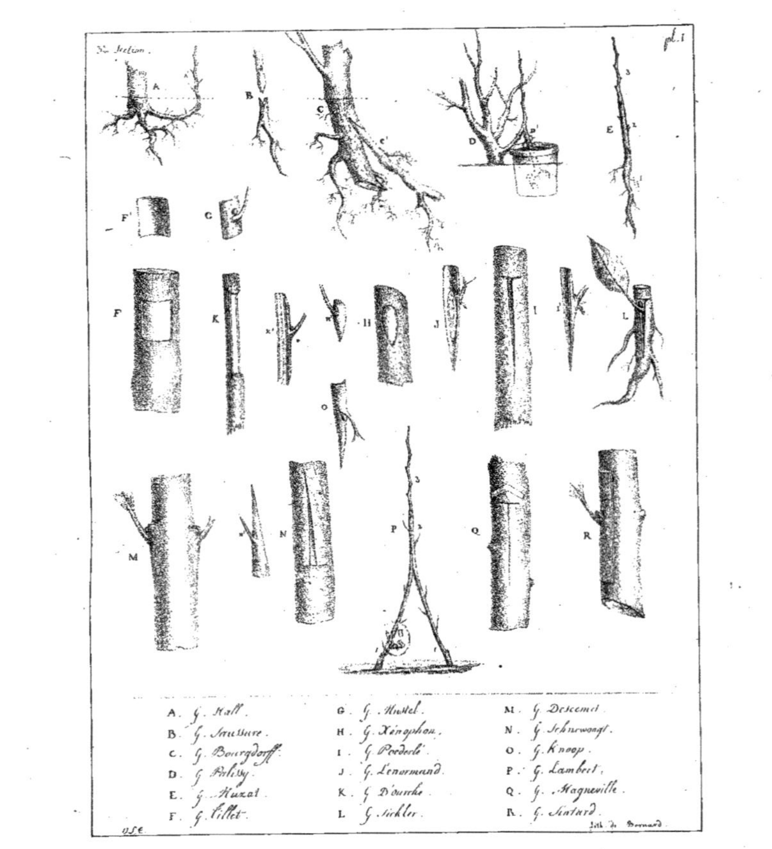
3.e Section.
pl. I
A
B
C
C
D
E
F
G
F
K
M
H
J
I
L
O
M
N
P
Q
R
A . G. Hall.
B . G. Saussure.
C . G. Bourgdorff.
D . G. Palissy.
E . G. Huzat.
F . G. Tillet.
G . G. Hustel.
H . G. Xénophon.
I . G. Poedevé.
J . G. Lenormand.
K . G. D'ourche.
L . G. Sickler.
M . G. Descemet.
N . G. Schnewogt.
O . G. Knoop.
P . G. Lambert.
Q . G. Magneville.
R . G. Sintard.
Lith. de Bernard.

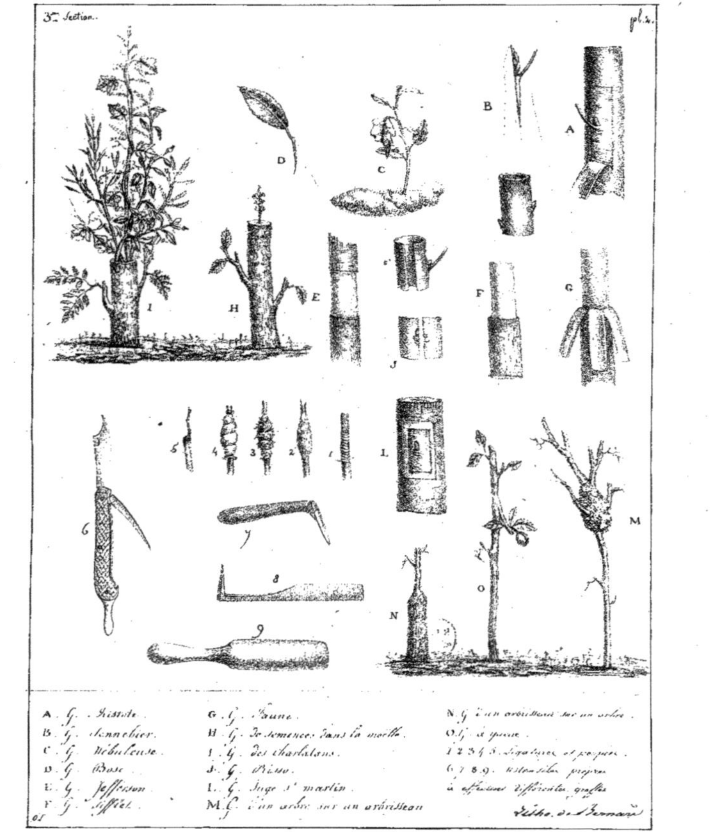

3ᵉ Section.
pl. 2.
A. G. Fistule.
B. G. Sennebier.
C. G. Nébuleuse.
D. G. Bose.
E. G. Jefferson.
F. G. Sifflet.
G. G. Jaune.
H. G. De semence dans la moelle.
I. G. des charlatans.
J. G. Risso.
L. G. Juge s. martin.
M. G. d'un arbre sur un arbrisseau.
N. G. d'un arbrisseau sur un arbre.
O. G. à peau.
1 2 3 4 5. Ligatures et poquers.
6 7 8 9. ustensiles propres.
à différentes greffes.
Litho. de Bernard.

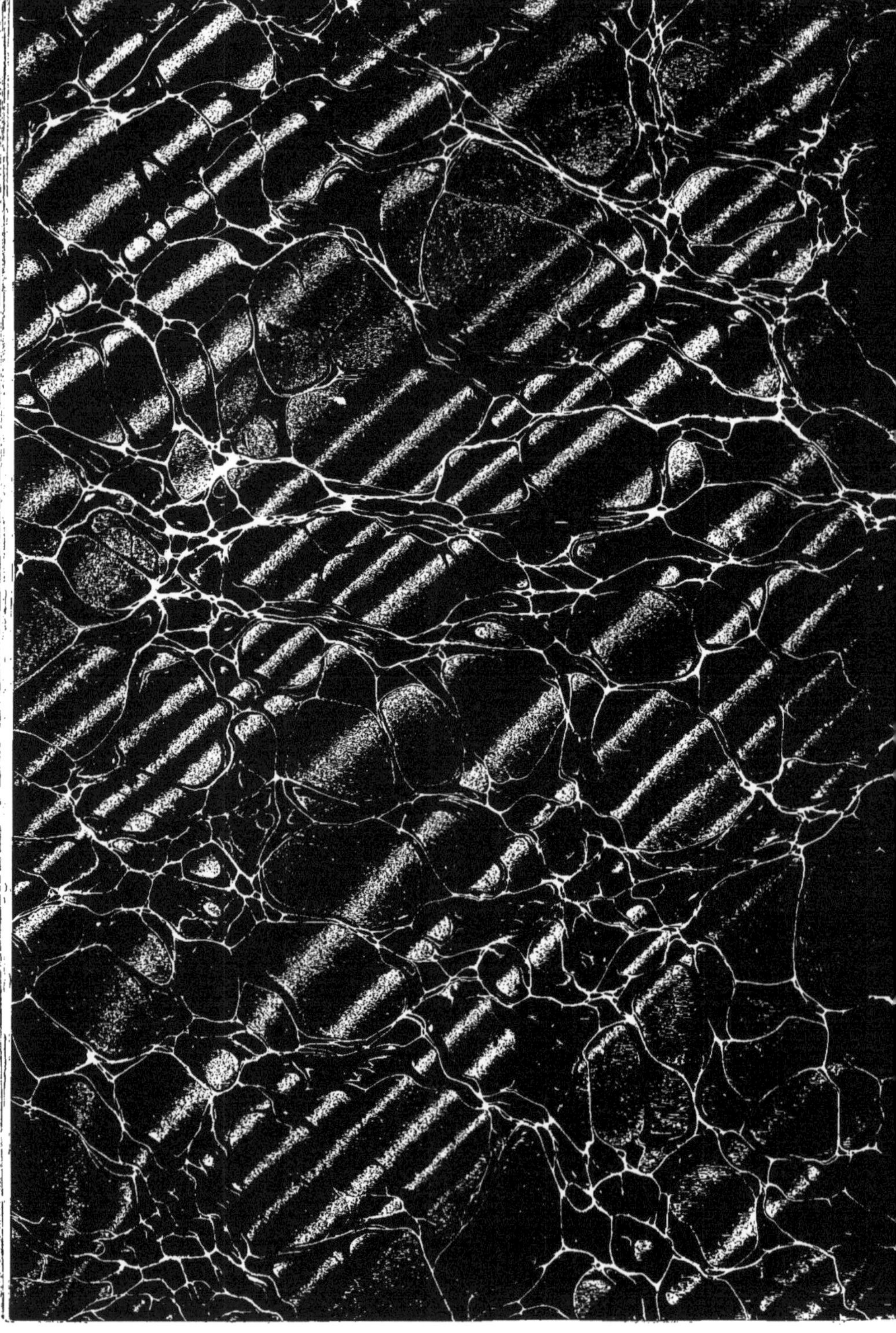

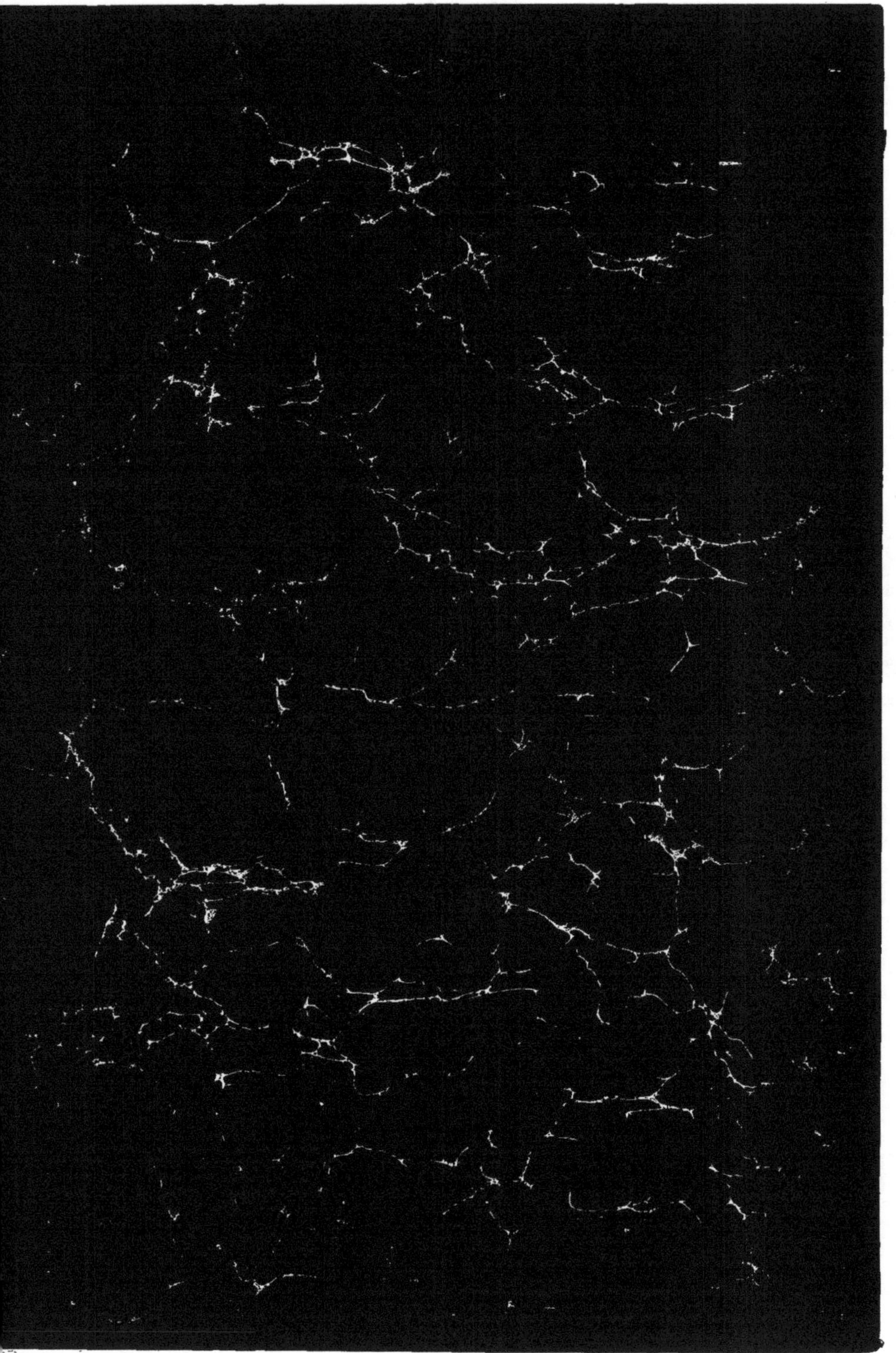

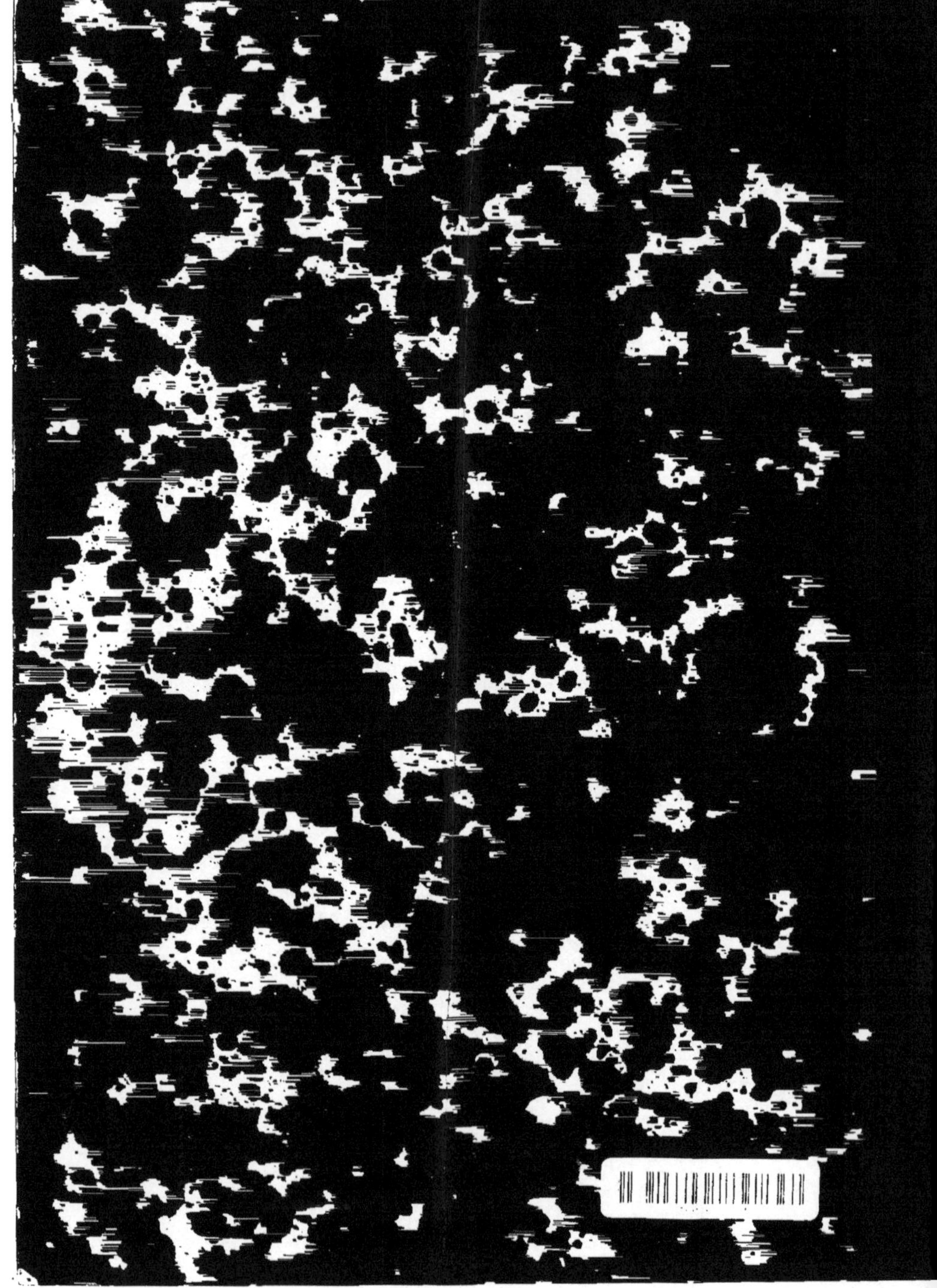

www.ingramcontent.com/pod-product-compliance
Ingram Content Group UK Ltd.
Pitfield, Milton Keynes, MK11 3LW, UK
UKHW022231120726
13694UKWH00002B/787